花生镉吸收积累的品种间差异及影响因素

刘　君　王芳丽　王凯荣　著

北京理工大学出版社
BEIJING INSTITUTE OF TECHNOLOGY PRESS

图书在版编目（CIP）数据

花生镉吸收积累的品种间差异及影响因素 / 刘君，王芳丽，王凯荣著.
—北京：北京理工大学出版社，2019.9
ISBN 978-7-5682-7585-9

Ⅰ．①花…　Ⅱ．①刘…　Ⅲ．①花生–镉–土壤污染–重金属污染–研究
Ⅳ．①S565.2②X53

中国版本图书馆 CIP 数据核字（2019）第 207502 号

出版发行 / 北京理工大学出版社有限责任公司
社　　址 / 北京市海淀区中关村南大街 5 号
邮　　编 / 100081
电　　话 /（010）68914775（总编室）
　　　　　（010）82562903（教材售后服务热线）
　　　　　（010）68948351（其他图书服务热线）
网　　址 / http://www.bitpress.com.cn
经　　销 / 全国各地新华书店
印　　刷 / 北京虎彩文化传播有限公司
开　　本 / 710 毫米×1000 毫米　1/16
印　　张 / 12.25
字　　数 / 235 千字
版　　次 / 2019 年 9 月第 1 版　2019 年 9 月第 1 次印刷
定　　价 / 65.00 元

责任编辑 / 王玲玲
文案编辑 / 王玲玲
责任校对 / 周瑞红
责任印制 / 施胜娟

前　言

因具有高毒性和高迁移性，Cd 历来是环境学领域重点关注的对象。Cd 容易与低相对分子质量蛋白质结合，蛋白质含量高的作物通常能积累更多的 Cd。而在油料作物中，花生籽粒相比其他作物更容易富集 Cd。即使在土壤 EDTA 提取态 Cd 含量只有 0.010～0.072 mg/kg 情况下，花生籽粒 Cd 含量平均也可达 0.115 mg/kg，显著高于其他豆类和玉米作物。

我国是世界主要花生生产国，年产量居世界首位。我国花生主产区土壤 Cd 含量一般都符合国家二级土壤质量标准（全 Cd＜0.3 mg/kg，pH＜7.5）。但是，国产花生 Cd 含量普遍高于美国和澳大利亚等国产品。在我国，花生产地土壤 Cd 含量大多符合国家无公害农产品生产基地的土壤 Cd 含量标准，但仍有 20%～30%的花生 Cd 含量超过 0.2 mg/kg，半数以上达不到无公害食品 Cd 含量标准。花生籽粒中的 Cd 绝大多数与蛋白质和碳水化合物相结合（超过籽粒总 Cd 量的 99%），而油中含量甚微。由于近年来花生直接食用和作为食品加工原料在花生消费中的比例持续增大，因此花生 Cd 污染仍会对食用产品消费的安全性构成巨大威胁。

相比其他谷类作物，对 Cd 在花生籽粒中的积累机制研究较少。本书研究了不同品种花生对镉积累的遗传特性差异，根据筛选出的高、低 Cd 积累花生品种，分析品种间 Cd 吸收、运输、积累分配的基因型差异，研究抗氧化系统能力、根系形态和分泌物及土壤环境因子与花生 Cd 积累的关系，评价各花生品种修复 Cd 污染土壤的潜能，为 Cd 污染土壤上花生的安全生产及利用花生修复 Cd 污染土壤提供理论依据，为花生的生产布局及品种选择提供科学的数据支撑。

本书在撰写过程中，得到了国家自然科学基金"花生籽粒镉积累机制研究（40871224）"的支持，在此表示衷心感谢！

由于时间和水平的限制，书中疏漏之处在所难免，恳请读者指正。

目　　录

第 1 章

绪　论

镉（Cd），灰白色重金属。成土母质（岩石）是土壤中 Cd 天然含量（背景值）的主要来源。在全球范围内，土壤中 Cd 的含量范围为 0.01～2 mg/kg，中值为 0.35 mg/kg（许嘉林等，1995）；中国土壤 Cd 的背景值为 0.097 mg/kg，含量范围为 0.017～0.33 mg/kg（95%置信区间）（魏复盛等，1991）。

工业"三废"的排放、污水灌溉、不洁化肥滥用和施用淤泥肥等，导致农业土壤受到了重金属 Cd 的广泛污染，给作物生产和食品安全带来了严重挑战（Yobouet 等，2010；Langner 等，2011；Li 等，2011）。同时，伴随金属冶炼、化工和能源工业的发展，大气污染扩散使 Cd 从有限范围的点源局部污染发展到了点源、面源叠加复合的区域性污染，生态风险不断增大（刘发新等，2006）。因此，国际上对 Cd 污染控制问题越来越关注。

1.1　土壤 Cd 来源及污染现状

1.1.1　土壤 Cd 来源

自然过程和人类活动是土壤中 Cd 的主要来源（方勇等，2015）。土壤 Cd 背景值因母质和矿物风化程度的不同而差异很大，如美国沉积岩中 Cd 含量（0.3～11 mg/kg）＞变质岩中 Cd 含量（0.1～1.1 mg/kg）＞火成岩中 Cd 含量（0.1～0.3 mg/kg）（王凯荣，2004），但通过天然过程产生的 Cd 对土壤污染贡献不大。

人类活动对土壤 Cd 的贡献大大超过自然向土壤中 Cd 的释放量（Nriagu 等，1988）。据欧共体国家 1975 年统计，共约 6 118 t 的 Cd 进入环境中，其中绝大部分（94%）进入土壤，进入水体和大气的分别为4%和2%。这些Cd中有57%来自以Cd为生产原料的工业企业，6%来自Cd生产企业，来自其他工业的占37%。美国10年中有7613 t Cd进入环境中，其中大部分（81.8%）进入土壤，进入大气和水体的分别为13%和5.5%。这些Cd大部分来自使用含Cd原料的工业企业。由此可见，进入环境中的Cd最终绝大部分都集中于土壤（鲁如坤等，1992）。

大气Cd污染是农业土壤Cd输入的主要来源。由于城市化及工业化的发展，冶炼、燃煤、石油燃烧和垃圾焚烧都会造成空气中的Cd污染。大气中的Cd大部分通过降雨或干沉降进入土壤，少部分被植物叶片直接吸收（Baker等，1986；Ligocki等，1988；王京文等，2018）。喻保能等（1983）研究发现，在Cu冶炼厂废气污染地区，在冶炼厂投产前，1958—1960年土壤中Cd含量处于背景水平（0.26～0.27 mg/kg），投产20 a（1981年）后，土壤中Cd含量竟高达1.28 mg/kg。大气颗粒物也会吸附大量的重金属，Cd主要吸附在粒径小于2 μm的颗粒物上（Costa等，1999；Cyrys等，2003）。Hsu等（2005）研究发现，冬季PM2.5中Cd的相对含量可高达70%，显著高于PM2.5～10中的含量。西安大气悬浮颗粒物中重金属含量采暖季显著高于非采暖季，其中采暖季大气悬浮颗粒物中Cd含量为4.6～9.6 ng/m³，是非采暖季Cd含量的2～3倍，燃煤可能是造成西安大气悬浮颗粒物中Cd含量升高的原因之一（于燕等，2004）。

工业废气是大气沉降Cd污染的主要来源（方勇等，2015），英国农田土壤中Cd污染的50%来自大气沉降（Arthur等，2000）。在不同类型的地区，Cd的沉降率差异显著，一般是工业区＞城区＞农村，工业区Cd平均沉降量分别为城区和农村的4.6和17.0倍，城区Cd平均沉降量为农村的3.7倍（王京文等，2018）。一般大气Cd的沉降量为0.06～44.9 g·ha⁻¹·a⁻¹，但在一些冶炼厂附近，却可高达135.6 g·ha⁻¹·a⁻¹（方勇等，2015）。包头市居民区大气降尘中,Cd总量平均为0.54 mg/kg,碳酸盐结合态Cd占全量比例为31.26%，含量为0.168 mg/kg；铁锰氧化物结合态Cd占全量比例为23.07%，含量为0.124 mg/kg；交换态Cd占全量比例为19.19%，含量为0.103 mg/kg；工业区大气降尘中，Cd总量平均为1.82 mg/kg，碳酸盐结合态Cd占全量比例为37.60%，含量为0.672 mg/kg；铁锰氧化物结合态Cd占全量比例为22.65%，含量为0.455 mg/kg；交换态Cd占全量比例为24.51%，含量为0.401 mg/kg（潘洪捷等，2010）。周琳等（2006）调查发现，成都经济生态区大气降尘中，Cd 总量为 4.02 mg/kg，其中交换态 Cd 占全量比例为 2.36%～18.27%，碳酸盐结合态 Cd 占全量比例为 3.99%～35.46%。杨光冠等（2006）研究发现，在焦化厂附近区域降尘中，Cd 元素浓度为 12.9 mg/kg，其含量是对照区含量的 8.54 倍，并且超过了国家二级标准。根据以上研究报道，可以看出大气污染较严重的地区大气沉降中，重金属 Cd 的含量比较高，并且由于伴随酸雨污染，大气中重金属元素常以较高活性态存在（郭朝晖等，2003；Liao 等，2005）。戚红璐等（2010）采用不同酸度模拟酸雨对大气降尘样品中重金属元素浸出率进行测定，发现 pH 是影响 Cd 浸出率大小的主要因素，Cd 的浸出率在酸雨 pH 2.5～3.5 范围内最大。Li 等（2011）研究报道，空气中的 SO_2 可以促进大豆对重金属的吸收，较高浓度的 SO_2 可以增加籽粒中 Cd 的积累。

一些农业活动也会增加土壤 Cd 的含量，如施用化肥、石灰、有机废物等。与无机氮肥和钾肥相比，磷肥是对土壤 Cd 贡献最大的肥料（McLaughlin 等，1996），如加拿大磷肥中 Cd 含量范围在 2.1～9.3 mg/kg，美国为 7.4～156 mg/kg，澳大利亚为 18～91 mg/kg，荷兰为 9～60 mg/kg，瑞典为 2～30 mg/kg 等。磷肥中的 Cd 主要来自生产磷肥所用的磷灰石。长期大量施用含 Cd 磷肥可能会造成土壤中 Cd 的积累。有研究发现，大量施用含杂质的磷肥及生物固体废弃物可能会导致农田和草地土壤中 Cd 的积累（Williams 等，1976；Roberts 等，1994）。

污灌和污施也是 Cd 进入土壤的重要途径（陈涛等，1980）。在我国，Cd 污染农田面积为 13 330 hm^2（Zhang 和 Huang，2000），每年受 Cd 污染的农产品达 $1.46×10^8$ kg（Wang 等，2011）。目前，我国农田土壤 Cd 污染主要还是工业矿污水污染造成的。沈阳张士灌区 1 067 hm^2 土地中，Cd 含量最高达 9.38 mg/kg，平均为 3～7 mg/kg；而糙米中 Cd 含量平均达 1.07～2.2 mg/kg（陈涛等，1980）。何电源等（1991）调查了 1987—1991 年间湖南省的 Cd 污染状况，发现工矿企业排放的废气和废水是农田 Cd 污染的主要来源，5%～10%的 Cd 污染农田减产严重。王凯荣等（2007）调查发现，在湖南某有色金属矿区，用酸性含 Cd 废水混合灌溉 25 a 的污染农田中，污灌区土壤 Cd 的水平分布主要受污水流经路线的影响。天津市污灌农田面积达 11.488 万公顷，年农灌污水量为 1.23 万吨（徐震等，1999）；土壤主要污染物为 Hg 和 Cd，Cd 含量超过 1 mg/kg（王祖伟等，2005；孙亚芳等，2015）。

1.1.2 我国土壤 Cd 污染现状

20 世纪 70 年代中后期，我国有关农田 Cd 污染的调查工作开始进行。较早的报道认为，我国的重金属污染土壤总面积为 1.0×10^7 hm^2（韦朝阳等，2001），其中受 Cd 污染农田面积为 1.33×10^4 hm^2（杜应琼等，2003）。2014 年的《全国土壤污染状况调查公报》显示，我国土壤 Cd 污染超标率达 7%（环境保护部，2014）。据曹仁林等（1996）报道，我国 Cd 污染农田面积约 2.79×10^5 hm^2，大田每年生产的 Cd 含量超标的农产品高达 1.46×10^{14} t。如沈阳张士污灌区 2.5×10^3 hm^2 耕地因污灌而受到 Cd 污染（土壤 Cd 含量 > 1.0 mg/kg），稻米中 Cd 浓度高达 $0.4 \sim 1.0$ mg/kg（陈涛等，1980）。天津市污灌区农田土壤超过二级土壤环境质量标准的面积达 0.40×10^4 hm^2，占监测区域内总污灌面积的 4.04%；稻田、麦田、菜田污灌面积 2.33×10^4 hm^2，占监测区域内总污灌面积的 23.46%（徐震等，1999）。夏家淇等（1996）报道，福建省龙岩市新罗区及连城县污染区土壤 Cd 含量为 $0.83 \sim 26.6$ mg/kg，最高 Cd 含量为二级土壤环境质量标准的 88 倍。西昌市近郊土壤 Cd 的含量最高达 7.31 mg/kg，超标 38.27 倍（唐洪，1995）。湖北省恩施市龙凤镇农田土壤 Cd 污染程度较高，较严重 Cd 污染土壤面积占比 11.83%（李泽威等，2017）。葛姵姣等（2017）于 2011—2016 年调查苏州市吴江区 8 个乡镇 120 个行政村土壤中 Pb、Cd、Cr 的污染状况，发现 120 份样品中，有 22 份样品中的土壤 Cd 含量超标，超标率为 18.3%，土壤受到轻度 Cd 污染。陈璐等（2018）调查平度市金矿区发现，采样点农田土壤 Cd 含量为 $1.1 \sim 10.6$ mg/kg，平均含量为 3.1 mg/kg，样点超标率 100%，农田土壤呈现极严重 Cd 污染风险。宋波等（2018）采集广西西江流域的 2 512 个土壤样品发现，西江流域土壤 Cd 的背景值为 0.514 mg/kg，显著高于广西土壤 Cd 的背景值（0.267 mg/kg）；水田土壤和矿区土壤 Cd 含量分别为 0.787、5.71 mg/kg，显著高于西江流域自然土壤 Cd 含量，超标率分别为 66.7%、77.8%（以西江流域土壤 Cd 含量背景值为限定值）和 39.6%、71.4%（以西江流域土壤 Cd 含量基线值为限定值），矿区土壤和农田土壤都有明显的 Cd 积累趋势；高 Cd 含量斑块主要集中于西江流域上游河池地区，出现了 Cd 重度甚至极重度污染。由此可见，我国农田 Cd 污染现状状况不容乐观。

1.2 土壤 Cd 对生物的毒害效应

1.2.1 Cd 对植物的毒害效应

1.2.1.1 Cd 对植物生长的影响

当土壤 Cd 污染严重时，将对植物产生显著的毒害影响。从外观形态来看，植株出现叶片发黄、萎缩、卷叶及生长迟缓、植株矮小等中毒症状，从而抑制了植物的发育，使农作物的产量下降。随着 Cd 浓度的升高，水稻（夏芳等，2018）、小麦（曹丹等，2017）、生菜（田丹等，2018）、芥菜（张加强等，2017）、黄麻（张加强等，2017）和大麻（黄玉敏等，2017）等的种子发芽率、发芽势、发芽指数和活力指数均有不同程度的降低，根和芽的生长也受到明显抑制。肖厚军等（2014）研究发现，随着镉胁迫程度加重，芹菜心叶生长缓慢，甚至干枯萎缩，而外部叶片表现不明显。Cd 胁迫抑制圆叶决明幼苗的生长，株高和出叶速度均低于对照，减少了圆叶决明对 Ca、Mg、Cu、Zn 等营养元素的吸收，同时也降低了圆叶决明的生物量（黄运湘等，2018）。刘周莉等（2018）研究发现，在 Cd 胁迫初期，忍冬的叶片和根系毒害症状不明显，随着 Cd 胁迫的加剧，即 Cd 浓度>25 mg/L 时，少量叶片出现失绿症状，根尖开始变为灰褐色，地上部和整株生物量下降了10.92%和13.51%。

Cd 还能影响植物细胞的正常分裂。Cd 诱导洋葱（刘东华等，1992）、蚕豆（常学秀等，1999）、小黑麦（时丽冉等，2015）等胚根根尖细胞产生微核。在低浓度 Cd（Cd<10 mg/L）作用下，蚕豆胚根细胞分裂有显著的加速现象；在高浓度 Cd（Cd>10 mg/L）作用下，蚕豆胚根细胞分裂显著减慢（常学秀等，1999）。随着 Cd 浓度的升高，染色体产生多种类型的畸变，且畸变率一直上升（常学秀等，1999；周锦文等，2009；时丽冉等，2015）。

过量的 Cd 不但影响植物的正常生长发育，同时还在可食部位进行积累，降低农产品产量和质量（Haghiri，1973）。当土壤 Cd 浓度达到 100 mg/L 时，甘蔗株高降低81.67%，茎径降低27.59%，蔗茎产量只有对照的7.79%（廖洁等，2017）。镉胁迫由轻到重时，芹菜茎基直径和叶柄横径明显下降，芹菜减产 2.21%～19.74%（肖厚军等，2014）。熊春晖等（2016）研究发现，Cd 胁迫导致芋产量明显下降，当 Cd 浓度为 2.5 mg/L 时，产量最大下降 56.5%。朱志勇等（2011）以 2 个小麦品种为材料，结果表明，高 Cd（100 mg/kg）处理下，Cd 抑制小麦旗叶的生长，造成小麦籽粒产量下降，洛旱 6 号与豫麦 18 产量分别下降了 16.7%、36.7%。袁珍贵等（2018）以 3 个晚稻品种为材料，研究发现，随着土壤 Cd 浓度的提高，水稻产量下降，而当土壤 Cd 浓度为 1.0 mg/kg 时，3 个水稻品种均显著减产，其中天优华占降幅最大。土壤 Cd 浓度为 2 mg/kg 和 10 mg/kg 时，箭筈豌豆的地上部和地下部生物量受 Cd 影响不大，但种子的生物量显著降低（芮海云等，2017）。

1.2.1.2 Cd 对植物光合作用的影响

高浓度 Cd 对植物的光合作用、呼吸作用和蒸腾作用具有抑制效应（Metwally 等，2005；Liu 等，2010a；Pietrini 等，2010；Shi 等，2012）。董袁媛等（2017）研究发现，随着 Cd 浓度的升高，黄麻叶片叶绿素含量显著降低，但却能维持较高的 Chla/b 值；Cd 胁迫使净光合速率、气孔导度和蒸腾速率显著降低。随着 Cd 浓度的增加，青杨光合速率和光合色素含量呈现出一定程度的降低（魏童等，2018）。当 Cd 浓度≥50 mg·kg^{-1} 时，线麻叶绿素含量、类胡萝卜素含量、净光合速率、蒸腾速率、气孔导度、最大净光合速率和光饱和点呈下降趋势（何芸雨等，2017）。孙亚莉等（2017）研究发现，不同镉胁迫处理浓度下，2 个供试水稻品种 28 占和黄粤占的叶片的叶绿素含量、净光合速率（Pn）、气孔导度（Gs）、蒸腾速率（Tr）和胞间 CO_2 浓度（Ci）均呈不同程度的下降趋势。耐镉水稻品种黄粤占 Pn、Gs、Tr 和 Ci 的下降幅度均低于镉敏感型水稻品种 28 占。Cd 胁迫抑制了花生的光合过程，表现为最大光化学效率和光合速率降低（卞威乐斯等，2017）。苎麻 SPAD 值、光合参数都受镉胁迫而下降，不同品种苎麻受镉胁迫时生长变化不一致，苎麻对镉的敏感性由高到低为中苎 1 号＞川苎 8 号＞华苎 5 号（李雪玲等，2017）。Cd 浓度大于等于 0.2 mol/L 时，虎舌红光合电子转移效率 ETR 显著降低，qP 也大幅下降。朱砂根的 ETR 荧光参数在处理前期就呈现下降趋势，且后期下降幅度增大（张建新等，2017）。贺国强等（2016）研究发现，Cd 胁迫导致了烤烟叶片叶绿素含量的降低，特别是叶绿素 a 较叶绿素 b 对 Cd

胁迫更为敏感。当 Cd 胁迫浓度小于 50 μmol/L 时，烤烟叶片的非化学淬灭（NPQ）和量子产额（YNPQ）随着 Cd 浓度的增加而增加，在低于 75 μmol/L Cd 胁迫下，烤烟叶片净光合速率（Pn）的降低主要受气孔导度的降低影响。随着 Cd 浓度的进一步增加，烤烟叶片过剩光能（1−qP）/NPQ 和失活 PSⅡ 反应中心的热耗散量子产额（YNF）大幅增加，PSⅡ 反应中心的光抑制程度增加，此时，热耗散和反应中心的失活是烤烟叶片抵御 Cd 毒害主要的光破坏防御机制。

1.2.1.3 Cd 对植物活性氧代谢的影响

在正常的生长条件下，植物体内活性氧的产生和消除处于平衡状态。但当植物处于各种逆境胁迫或衰老时，体内活性氧产生和消除的平衡受到破坏，所积累的活性氧引发了膜脂过氧化，使植物生长异常（Bowler 等，1992）。植物受 Cd 污染胁迫后，丙二醛（MDA）高度积累（MiGirr 等，1985；Scandalios，1993）。溶液培养实验发现，随着 Cd 浓度的增加，青菜叶片和白菜叶片内 MDA 含量明显上升（郑爱珍等，2005）。Cd 对植物体内 MDA 的影响不仅与植物类型有关，还与植物的生长阶段有关。在 Cd 胁迫下，水稻叶片中 MDA 的含量在分蘖期和乳熟期最低，齐穗期最高（章秀福等，2006）。随着镉胁迫处理浓度的增加，2 个水稻品种幼苗叶片 MDA 含量、抗氧化酶（SOD、POD 和 CAT）的活性均随着镉胁迫处理浓度的升高而增大，且镉胁迫处理下黄粤占的 MDA 含量与各抗氧化酶活性较对照的相对增加值小于 28 占（孙亚莉等，2017）。杨微等（2017）研究发现，高浓度 Cd 处理的烟草叶片中，MDA 含量、超氧自由基产生速率、过氧化氢（H_2O_2）含量，以及过氧化氢酶（CAT）、抗坏血酸过氧化物酶（APX）、脱氢抗化血酸还原酶（DHAR）、单脱氢抗坏血酸还原酶（MDAR）和谷胱甘肽还原酶（GR）活性升高，但谷胱甘肽（GSH）含量及其与氧化型谷胱甘肽比值（GSH/GSSG）下降。Cd 胁迫处理后，朱砂根和虎舌红抗氧化酶（SOD、POD 和 CAT）活性均有不同程度的上升，但随着处理时间的延长，抗氧化酶活性均显著降低（张建新等，2017）。田丹等（2018）研究发现，随着 Cd 胁迫浓度的增加，生菜幼根和幼芽中 MDA 含量、POD 活性明显增加，SOD、APX 活性则随着 Cd 胁迫浓度的增加表现为先明显增加后略有降低，而 CAT 活性明显降低，较高浓度 Cd 胁迫造成氧化胁迫是其抑制生菜种子萌发和幼苗生长的重要原因之一。

1.2.2 Cd 对微生物及人体健康的毒害效应

1.2.2.1 Cd 对微生物的毒害效应

Cd 是生物毒性最强的重金属之一。Cd 能改变土壤微生物数量（龚玉莲等，2014），影响微生物的种群结构，影响土壤呼吸速率（陆文龙等，2014；王松林等，2015）和酶活性（周小梅等，2016），从而对土壤生态系统产生负面影响（Baath 等，1998；Brookes，1995）。青菜－萝卜轮作条件下，随着外加镉浓度的增加，微生物生物量 C 含量呈下降趋势，呼吸作用加强。真菌、革兰氏阳性菌及灌木菌根真菌（AMF）随土壤 Cd 含量的增加而增加，细菌、革兰氏阴性菌、放线菌则随土壤 Cd 含量的增加而下降（申屠佳丽等，2009）。窦昭敏等（2012）研究发现，Cd^{2+} 添加量升至 0.4 g/kg 时，茶园土壤中的细菌、亚硝化细菌数量呈快速下降趋势，而放线菌、真菌的数量有增加的趋势；Cd^{2+} 添加量继续升高时，细菌、放线菌、真菌的数量都缓慢下降，亚硝化菌几乎不能成活。随 Cd 浓度的增加（$\geqslant 6$ mg/kg），洞庭湖湿地土壤中细菌、真菌、放线菌、微生物总数及微生物生物量 C、N 含量显著减少，土壤脲酶、蔗糖酶、过氧化氢酶、磷酸酶和脱氢酶活性随 Cd 胁迫浓度的增加而降低，土壤基础呼吸（SBR）与代谢熵随 Cd 胁迫浓度的增加而呈上升趋势（周小梅等，2016）。

1.2.2.2 Cd 对人体健康的毒害效应

Cd 被植物吸收后，通过食物链进入人体，并在人体各个器官进行积累，危害人体健康，同时，吸烟和大气污染是 Cd 进入人体的另外途径（黄秋婵等，2007）。当 Cd 在人体积累到一定程度时，就会引发多种疾病。Cd 暴露易引起骨代谢紊乱（张亚利等，2004；杨辉，2011；Nishijo 等，2017；吕颖坚，2017），诱发骨骼病变，如骨密度降低或骨质疏松（文晓林等，2016；Lavado－García 等，2017；Eom 等，2017；Puerto－Parejo 等，2017）及骨痛病（Hayato 等，2014；Nishijo 等，2017）等。肾脏是 Cd 在人体内的主要靶器官，Cd 在肾脏的积累会导致肾损伤（李金慧等，2015；Wu 等，2016；Lim 等，2016；Satarug 等，2017），并且这种损伤会持续存在（石新山等，2010；刘志东等，2012；陈念光等，2013）。Cd 在肝脏蓄积，会对肝脏产生急性或慢性的损伤（Stefanska 等，2011；钟格梅等，2012；李荣娟等，2017）。Cd 经过呼吸道进入肺部，易引起肺部损伤（周静等，2008；常云峰，2013）。同时，Cd 还会对心脑血管产生毒害作用，引发贫血（鲁丽娟等，2015）和高血压（夏合中，2001；王彩等，2006；唐继志等，2011）。

1.3　植物对 Cd 吸收转运与耐性的基因型差异

1.3.1　植物对 Cd 胁迫的耐性

不同的植物种类，由于结构特性及生理特性不同，植物种间和种内对 Cd 的吸收和耐性存在明显的差异。不同器官对 Cd 的积累和分配与不同作物品种有关（Willjams 等，1995；Davis 等，1996）。作物各器官尤其是根与土壤含 Cd 量呈显著正相关（刘云惠等，1992）。

宋阿琳等（2006）通过温室水培实验发现，汕优 63 与其他 6 个供试水稻品种相比，属于高积累型水稻品种，对重金属 Cd 吸收较敏感；武育粳 3 号属于低积累型水稻品种，对重金属 Cd 吸收相对不敏感。肖美秀等（2006）通过对加 Cd 0.2 mg/L 水培条件下 72 份水稻种质资源的苗期生长耐性指数进行聚类分析，得到 4 种类型，分别为 Cd 敏感品种、较敏感品种、耐 Cd 品种和较耐品种。王凯荣等（2006）采用分阶段加 Cd 水培实验，发现杂交水稻威优 1126 和常规水稻浙辐 802 在不同生育期对 Cd 胁迫的生长反应及其对 Cd 吸收、积累与分配特性均存在差异。水稻精米中 Cd 含量存在极显著的基因型差异，有的水稻品种 Cd 的含量很低，且具有比较稳定的遗传表现，因此可以通过筛选籽粒低 Cd 的水稻品种，特别是选育同时具备稻米 Cd 含量低和较强 Cd 耐性的水稻品种是解决污染土壤安全生产问题的一条经济有效的技术途径（蒋彬等，2002）。

在其他作物上，张国平等（2002）研究发现，高浓度的 Cd 对小麦生长的抑制作用与品种有关，甘谷 534 的耐性强于鄂 81513，并且地上部分吸收较地下部分敏感。王激情等（2003）报道，不同油菜品种的 Cd 吸收积累特征有显著的差异性，中油杂 1 号具备超积累 Cd 植物的特征，滁县小油菜和中油 119 具备超积累 Cd 的潜力。孙建云等（2005）报道，在 100 mg/kg Cd 处理下，不同基因型甘蓝的耐性及吸收、积累 Cd 的能力具有显著差异，其中北农早生和牛城 60 对 Cd 胁迫的耐性最强，秋丰、夏冠、欧宝二号和寒春等品种则表现出对 Cd 胁迫的高度敏感性。Cd 对甘蓝地上部分的抑制作用大于根系，根系 Cd 含量与地上部干重的抑制率呈显著的正相关。王志坤等（2006）比较了 6 个大豆品种的耐 Cd 性，得到的结论是：中豆 30＞湘春豆 15＞湘春豆 19＞8157＞早生白鸟＞铁丰 29。

1.3.2　植物对 Cd 的吸收转运

Cd 从地下部分向地上部分运输主要取决于根的特性。Arthur 等（2000）根据植物体内 Cd 的累积量，把植物分为低积累型（如豆类）、中等积累型（如禾本科）和高积累型（十字花科）。林肖等（2017）以水稻中优 169 为材料，通过盆栽实验，研究了不同浓度 Cd 污染对水稻分蘖期植株 Cd 积累与分配的影响。结果表明，Cd 污染使分蘖期水稻植株茎蘖数减少。随着 Cd 污染程度的增加，水稻根和茎叶 Cd 含量和累积量明显增加。周静等（2018）选取 48 个水稻品种，利用盆栽实验，研究中轻度及重度污染土壤上品种吸收转运 Cd 的品种间差异。研究发现，在两种污染土壤上，根系 Cd 的富集系数最高，茎秆、叶次之，糙米最低；土壤转运 Cd 至根系的效率最高，根系转运 Cd 至茎中的效率最低；即使土壤 Cd 浓度在 2.01 mg/kg 下，仍有 19 个品种的籽粒 Cd 含量小于 0.2 mg/kg，处于安全水平。川芎的 Cd 多富集于根茎中，根茎 Cd 含量平均比地上部位的高 77.21%，地下根茎中 Cd 元素富集系数比茎叶高 64.75%，川芎不同部位 Cd 的富集系数及根茎对 Cd 的转移系数均大于 0.5（任敏等，2016）。Cd 胁迫下，馒头柳的 Cd 主要分布于液泡内、细胞壁和细胞间隙；馒头柳、旱柳的根系、树皮、木质部和叶片 FTIR 特征图谱存在不同程度的差异，而馒头柳的根、皮、木质部和叶片能通过羟基、羧基等官能团的结合来缓解 Cd 积累所造成的毒害（张运兴，2017）。木质部液中有 50% 以上的 Cd 以 Cd^{2+} 或 $Cd(OH)_2$ 形式存在（蔡保松等，2002）。

作物茎叶中 Cd 的再分配是籽粒中 Cd 的主要来源，籽粒 Cd 含量与叶片中的 Cd 的累积量密切相关。Cakmak 等（2000）研究发现，Cd 可以从施入的叶片运输到韧皮部的其他库器官，如新叶和籽粒等，进一步证明叶片中的 Cd 能转移到籽粒中，从而对籽粒中 Cd 的含量造成影响。李江遐等（2017）研究发现，在 Cd 污染土壤条件下，4 种水稻籽粒镉含量明显高于国家二级标准（0.2 mg/kg），且表现为根部＞茎叶＞籽粒，籼稻籽粒 Cd 含量大于粳稻籽粒 Cd 含量，4 个水稻品种对 Cd 的吸收和运转具有显著差异，籽粒 Cd 含量高的水稻品种的 Cd 转移系数高于籽粒 Cd 含量低的水稻品种。李欣忱等（2017）研究发现，相同 Cd 水平下，辣椒各部位 Cd 含量表现为根＞茎＞叶；2 个辣椒品种对 Cd 的积累和转运存在差异，PE30 茎和叶中 Cd 含量较高，Cd 转移系数和地上部 Cd 富集系数也高，而 PE3 的 Cd 主要集中在根部，向地上部转移 Cd 的能力较差。

迟克宇等（2016）研究发现，两品种苋菜距根尖 0～300 μm 范围内根系 Cd^{2+} 内流最强且差别最大。两苋菜品种 Cd 吸收转运差异显著。Tianxingmi 较 Zibeixian 主动吸收特征明显。

植物除了可以通过根吸收土壤中的 Cd 外，也可以通过茎叶直接吸收大气沉降中的 Cd（黄会一等，1982）。大气沉降的 Cd 有很大比例可以通过萝卜叶片的气孔进入萝卜叶片组织内或被萝卜叶片组织紧密地吸附（王京文等，2018）。木本植物的叶片和茎部的皮孔都能吸收 Cd，大叶榕与紫荆叶片气孔可以少量吸收来自大气沉降的 Cd 进入叶肉组织（邱媛等，2007）。杨树对 Cd 的吸存量最高（1.45 mg/kg），构树对 Cd 的吸存量最低（0.01 mg/kg），石楠、杨树、侧柏的 Cd 吸存量明显高于大叶女贞、构树的叶片 Cd 吸存量（彭舜磊等，2017）。常见的 6 种绿化树种——广玉兰、茶花、圆柏、香樟、桂花、枸骨——对大气环境重金属污染物有一定的吸收能力，叶片重金属含量与降尘呈显著正相关，枸骨对 Cd 吸收的能力最强（王爱霞等，2017）。

1.3.3　Cd 在植物体内的积累分布

一般来说，Cd 在植物体内的分布是根＞茎＞叶＞籽实。赵步洪等（2006）以 6 个水稻品种为材料，研究了水稻植株不同器官 Cd 的累积量，发现水稻植株对 Cd 吸收及分配存在着基因型差异，以汕优 63 累积量最多，K 优 818 累积量最少。水稻植株不同器官 Cd 累积量的大小顺序为根＞茎鞘＞叶片。籽粒不同部位 Cd 的浓度大小顺序为糠层＞颖壳＞精米。Cd 污染胁迫下，烟草中重金属 Cd 积累分布特征也同样为根＞茎＞叶（魏益华等，2016）。

重金属离子被植物吸收进入植株体内时，会有一部分沉淀在细胞壁上，阻止过多的重金属离子进入细胞原生质，使其免受伤害（刘利等，2015）。Cd 在进入根细胞时，植物细胞壁含有丰富的亲重金属物质，如纤维素、木质素等物质，具有丰富的羧基、羟基、醛基等活泼基团，能与重金属形成沉淀而被固定（杨居荣等，1994）。蕨类植物 *Athyrium yokoscense* 根细胞中的大部分 Cd 被固定在细胞壁上，根细胞壁中的 Cd 含量占根细胞 Cd 含量的 79%～90%（Nishizono，1987）。海南稗根细胞中超过 50% 的 Cd 位于根细胞壁中，Cd 在细胞壁中的分配比例随着溶液 Cd 浓度的增加而增加（吴朝波等，2016）。

韩超等（2017）发现，在模拟 Cd 污染条件下，四月蔓和上海青两个小青菜品种吸收的 Cd 主要存在于细胞壁中，相比较而言，四月蔓吸收的 Cd 在细胞壁中的分配比率显著高于上海青，在两个 Cd 污染水平下，四月蔓地上部细胞器中 Cd 分配比率分别为 12.84% 和 13.78%，而上海青为 28.22% 和 26.40%。

在小飞扬草根、茎、叶中，细胞壁和细胞膜是 Cd 主要的结合场所，不同 Cd 浓度处理条件下，小飞扬草各部位的细胞壁和细胞膜组分的分配比例由高到低的顺序是根＞茎＞叶，胞液组分的分配比例由高到低的顺序是茎＞叶＞根。小飞扬草根部 Cd 主要位于细胞壁和细胞膜，而叶片的 Cd 主要位于胞液组分（钟海涛等，2013）。互花米草茎、根茎、须根中 Cd 含量及累积量随处理浓度的增加而升高，其中须根中 Cd 含量及累积量均高于其他器官。Cd 在互花米草体内转运能力极低，绝大部分 Cd 积累在地下部位（潘秀等，2012）。

Cd 与有机配体的结合可以降低自由 Cd^{2+} 的活性，从而降低其毒性（Mendoza－Cózatl D G 等，2011），但是细胞壁有一定的金属容量，多余的就会被转移到细胞质中。万敏等（2003）在研究小麦时发现，莱州 953 根细胞中可溶部分 Cd 的相对含量大于烟 86103 的，这可能是莱州 953 地上部 Cd 含量显著大于烟 86103 的原因。并且细胞质中高 Cd 含量，会增加 Cd 从木质部向地上部和由韧皮部向籽粒中的运输。芮海云等（2017）发现，两个箭舌豌豆品种根茎叶中，Cd 都主要分布于液泡中。

1.3.4 Cd 在植物体内的结合形态

重金属在作物体内以多种复杂形态存在，不同种作物，各不同生长、发育阶段，作物的不同部位，重金属的形态分布特征都存在一定的差异。许嘉琳等（1991）研究发现，因作物种类不同，各形态所占比例有一定差异。在植物根中，Cd 主要以氯化钠提取态存在，醋酸盐提取态次之。

钟海涛等（2013）研究发现，Cd 在小飞扬草根、茎、叶中均以氯化钠提取态为主，含量分别占 70.5%～84.8%、72.4%～83.0%、50.0%～74.8%。根部各提取态含量依次为 $C_{NaCl}>C_{HAc}>C_{HCl}>C_W>C_R$，茎、叶中各提取态含量依次为 $C_{NaCl}>C_{HCl}>C_{HAc}>C_W>C_R$，Cd 形态分布与秋茄（Weng 等，2012）和菹草（Xu 等，2012）的相似，这可能是小飞扬草忍耐并超积累 Cd 的机制。

Cd 在作物体内存在形态也能影响 Cd 在作物体内的运输及对作物的毒害作用的大小，其中水溶态的 Cd 具有较强的移动性和生物活性，是 Cd 毒害的重要原因。由于 Cd 与蛋白质等结合形成有机金属络合物，其迁移能力较强。三色堇植株中大部分的 Cd 以乙醇提取态和水提取态存在，随着 Cd 处理浓度的增加，地上部中活性强、毒性较高的乙醇提取态和水提取态 Cd 分配比例总和减少，而氯化钠提取态和醋酸提取态 Cd 分配比例增加（白雪等，2014）。随着 Cd 浓度的升高，续断菊 Cd 的化学形态发生明显的变化，续断菊叶片中的 Cd 以盐酸提取态和 NaCl 提取态为主，根系中 NaCl 提取态的 Cd 含量较高，即续断菊中的 Cd 与果胶酸、蛋白质结合（秦丽等，2012）。

1.4 花生 Cd 污染研究

我国是世界主要花生生产国，年产量居世界首位（万书波等，2013）。我国花生主产区土壤 Cd 含量一般都符合国家二级土壤质量标准（全 Cd＜0.3 mg/kg，pH＜7.5）。如青岛产区土壤 Cd 含量为 0.045 1～0.202 mg/kg，处于背景值范围（0.017～0.333 mg/kg）（孙秀山等，2006）。但是，国产花生 Cd 含量普遍高于美国和澳大利亚等国产品（Bell 等，1997）。2003 年普查全国北方花生 Cd 含量发现，山东花生 Cd 含量多在 0.2 mg/kg 以下，青岛产区花生籽粒 Cd 含量为 0.037～0.267 mg/kg。但山东以北地区花生 Cd 含量一般在

0.2 mg/kg 以上（万书波等，2005）。覃志英等（2006）发现，广西花生籽粒 Cd 含量范围为 0.07～0.79 mg/kg，平均 0.21 mg/kg。王珊珊等（2007）在辽宁的调查发现，在 Cd 含量低于 0.3 mg/kg 的土壤上，花生籽粒 Cd 含量为 0.21～0.75 mg/kg。王宝君等（2007）甚至报道，在辽宁葫芦岛地区，即使土壤 Cd 含量只有 0.001 mg/kg，花生籽粒 Cd 含量仍平均达到 0.259 mg/kg。虽然符合新制定的国家食品 Cd 限量标准（GB 2762—2005），但绝大多数超过国家无公害食品花生的卫生要求（Cd≤0.05 mg/kg），且半数以上达不到澳大利亚确定的最高限量标准（Cd≤0.1 mg/kg）（孙秀山等，2006）。

无论花生产地土壤 Cd 含量是否超标，花生籽粒的 Cd 总是与蛋白质和碳水化合物相结合，在油脂中只有很少的量（Stefanov 等，1995；Wang，2002；Dugo 等，2004；Carrı́n 等，2010）。所以，对于直接食用的花生产品，Cd 含量超标是一个重要食品安全性问题。20 世纪 40 年代以前，花生主要作为食用油原料，用于榨油的花生约占世界总产量的 72%，仅 3% 用于食品食用；到 20世纪 70 年代，世界食用花生比例上升 31%，榨油花生比例降至 58%；80 年代，食用花生为 35%，榨油花生为 54%；1996—2000 年间，食用花生比例达到 41%（张吉民，2002）。在国内，制取花生油（50%～60%）仍是目前花生利用的主要途径，直接食用和食品加工占 25%～35%，出口 3%～5%，用种占 8% 左右（周雪松等，2002；杨伟强等，2006）。目前，全世界花生直接消耗量基本与油萃取量（49%）均等（Fletcher 等，2006）。因此，随着花生直接食用和食品加工比例的增加，国际上对花生籽粒 Cd 含量的关注会进一步增强（王凯荣等，2008）。

在油料作物中，花生对 Cd 胁迫的生理耐受能力和籽粒富集 Cd 的能力大于油菜和大豆（Wang，2002）。阎雨平等（1992）盆栽实验证实，在不添加 Cd 的酸性赤红壤（对照）上，花生仁 Cd 含量为 0.25 mg/kg，添加 1 mg/kg Cd 处理，花生仁 Cd 含量即提高至 1.5 mg/kg。在土壤 Cd 浓度相同情况下，花生根系和茎叶中 Cd 含量低于水稻，但籽粒 Cd 含量明显高于水稻。Bell 等（1997）发现，在澳大利亚农田土壤 Cd 含量为 0.010～0.072 mg/kg 情况下，花生籽粒 Cd 含量变幅为 0.011～0.348 mg/kg，平均 0.115 mg/kg。花生籽粒 Cd 含量显著高于大豆、豇豆、海军豆及玉米籽粒的 Cd 含量。在湖南郴州铅锌矿区污染土壤环境下，花生籽粒 Cd 含量水平（0.35～0.55 mg/kg）与芋头及辣椒的相近，明显高于大豆（0.24 mg/kg）、赤豆（0.23 mg/kg）、绿豆（0.04 mg/kg）、高粱（0.14~0.16 mg/kg）和玉米（0.03~0.05 mg/kg）（Liu 等，2005）。Cd 的植物富集系数与土壤 pH 呈显著负相关性。根据李瑞美等（2003）的实验，在微酸性（pH 6.3）污染（有效 Cd 含量 2.42 mg/kg）土壤上，花生籽粒 Cd 含量可达 2.03 mg/kg。

花生对 Cd 胁迫的生理耐受和富集 Cd 的能力也都具有显著的品种间差异性。邓波等（1997）在水培研究 Cd 对花生结瘤影响时发现，在供试的两个花生品种中，鲁花 9 号对 Cd 的敏感性明显大于天府 9 号，前者在溶液 Cd 浓度为 500 mg/L 时已无须根生长，而后者在溶液 Cd 浓度为 1 000 mg/L 时仍有须根发生。鲁花 9 号在 100 mg/L Cd 环境下生长 10 天后株高只有对照的 38.3%，而天府 9 号在 100 mg/L Cd 环境下生长 10 天后株高仍有对照的 69.3%，Cd 浓度增加至 250 mg/L 时，株高才降至对照的 45.9%。

据 2003 年我国北方产区花生普查结果显示，花生 Cd 含量平均为 0.2~0.3 mg/kg，普遍高于美国和澳大利亚等国花生（Bell 等，1997）。大部分花生的 Cd 含量可能符合中国的国家标准，国家标准规定花生 Cd 含量不得超过 0.5 mg/kg（GB 2762—2005）。然而，超过了我国无公害食品标准（0.05 mg/kg）（NY 5303—2005），部分也超过了我国绿色食物标准的 0.4 mg/kg 的限值（NY/T 420—2009）。

相比其他谷类作物，对 Cd 在花生籽粒中的积累机制研究较少。据 Popelka 等（1996）报道，花生籽粒中的 Cd 主要来源于根系吸收，但由果荚直接吸收进入籽粒的 Cd 也占 11%，而 Mclaughlin 等（2000）的研究则表明，由果荚吸收的 Cd 只占籽粒总 Cd 量的 1%~3%。Bell 等（1997）认为花生有比较强的吸收 Cd 的能力是因为花生根系活性大，使之从耕层以下土壤吸收 Cd。花生根系从土壤中吸收 Cd 的能力是籽粒 Cd 浓度基因差异性的主要机制，籽粒 Cd 含量与植物根系的吸 Cd 能力和植株体内的总 Cd 量有着高度的相关性。但是，Mclaughlin 等（2000）的研究发现，不同基因型的花生吸收 Cd 的量没有太大差异，这不能支持 Bell 等的结论。但已有研究证实，花生籽粒中的 Cd 主要来源于根系对土壤 Cd 的吸收（王才斌等，2008），处于生长期的果荚也可能吸收土壤 Cd 并将其转移到籽粒之中（McLaughlin 等，2000；Popelka 等，1996）。

1.5 研究意义、内容及技术路线

1.5.1 研究背景及意义

因具有高毒性和高迁移性，Cd 历来是环境学领域重点关注的对象。Cd 容易与相对分子质量小的蛋白质结合，蛋白质含量高的作物通常能积累更多的 Cd（杨居荣等，1999）。而在油料作物中，花生籽粒相比其他作物更容易富集 Cd（Wang，2002；Liu 等，2005）。Bell 等（1997）曾发现，即使在土壤 EDTA 提取态 Cd 含量只有 0.010～0.072 mg/kg 情况下，花生籽粒 Cd 含量平均可达 0.115 mg/kg，显著高于其他豆类和玉米作物。

我国 2005 年颁布修订的食品污染物限量标准规定，花生 Cd 含量不得超过 0.5 mg/kg（GB 2762—2005），这一标准较为宽松，可能适应我国当前的花生生产和消费实际。而从保障人体健康角度出发，农业部颁布的行业标准则更为严格，如绿色食品标准规定，花生籽粒 Cd 不超过 0.4 mg/kg（NY/T 420—2009），无公害食品标准更是严格到 0.05 mg/kg（NY 5303—2005）。《国际卫生法典》推出的花生 Cd 最高限量标准为 0.2 mg/kg（万书波等，2005）。在我国，花生产地土壤 Cd 含量大多符合国家无公害农产品生产基地的土壤 Cd 含量标准，但仍有 20%～30% 的花生 Cd 含量超过 0.2 mg/kg，半数以上达不到无公害食品 Cd 含量标准（孙秀山等，2006；王珊珊等，2007；王才斌等，2008）。花生籽粒中的 Cd 绝大多数与蛋白质和碳水化合物相结合（超过籽粒总 Cd 量的 99%），而油中含量甚微。由于近年来花生直接食用和作为食品加工原料在花生消费中的比例持续增大（周雪松等，2004），因此，花生 Cd 污染仍会对食用产品消费的安全性构成巨大威胁。

本研究旨在利用花生自身的遗传特性，筛选出高、低 Cd 积累花生品种，分析品种间 Cd 吸收、运输、积累分配的基因型差异，研究抗氧化系统能力、根系形态、分泌物、土壤环境因子与花生 Cd 积累的关系，评价各花生品种修复 Cd 污染土壤的潜能，为 Cd 污染土壤上花生的安全生产及利用花生修复 Cd 污染土壤提供理论依据，为花生的生产布局及品种选择提供科学的数据支撑。

1.5.2 研究内容

（1）籽粒高、低 Cd 积累花生品种筛选

选取 60 个不同基因型花生，在清洁土壤和 Cd 污染土壤上进行田间微区实验，根据花生籽粒 Cd 积累特性，筛选出籽粒高、低 Cd 积累花生品种。

（2）籽粒高、低 Cd 积累花生品种对 Cd 胁迫的生理响应

研究水培条件下籽粒高、低 Cd 积累花生品种生物量、Cd 含量、Cd 累积量、叶绿素含量、抗氧化物含量、抗氧化酶活性对 Cd 的响应差异，揭示花生 Cd 积累的基因型差异与耐 Cd 性之间的关系机制。

（3）籽粒高、低 Cd 积累花生品种根系形态及分泌物对 Cd 响应的差异

研究水培条件下高、低 Cd 积累花生品种生物量、Cd 含量、Cd 累积量、根系形态分布、根系分泌物含量对 Cd 的响应差异，揭示花生 Cd 积累的基因型差异与根系对 Cd 吸收及响应之间的关系机制。

（4）籽粒高、低 Cd 积累花生品种亚细胞及化学形态分布对 Cd 响应的差异

研究水培条件下籽粒高、低 Cd 积累花生品种生物量、Cd 含量、Cd 累积量、Cd 亚细胞分布、Cd 化学形态特征对 Cd 的响应差异，揭示花生 Cd 积累的基因型差异与花生 Cd 亚细胞分配及 Cd 形态分布之间的关系机制。

（5）土壤类型和 pH 对籽粒高、低 Cd 积累花生品种 Cd 吸收分配的影响

研究土培条件下土壤类型对籽粒高、低 Cd 积累花生品种生物量、Cd 含量、Cd 累积量的影响；研究水培条件下 pH 对籽粒高、低 Cd 积累花生品种生物量、Cd 含量、Cd 累积量、叶绿素含量、抗氧化物含量、抗氧化酶活性的影响，揭示环境因子对两品种 Cd 吸收分配影响的机制。

（6）籽粒高、低 Cd 积累花生品种在土壤修复中的应用

研究土培条件下，接种微生物后籽粒高、低 Cd 积累花生品种生物量、Cd 含量、Cd 累积量、根际土壤 Cd 生物有效性含量的差异，评价花生在土壤修复中的应用。

1.5.3 技术路线

技术路线如图 1-1 所示。

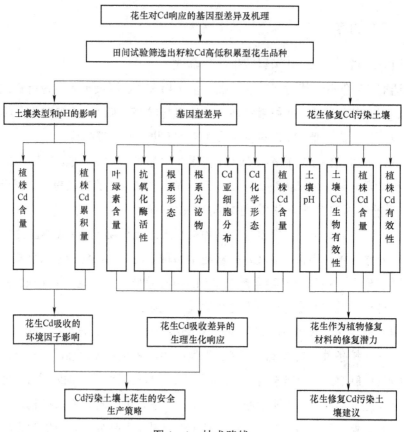

图 1-1 技术路线

第 2 章

花生籽粒镉积累的基因型差异

已有研究证实，花生是吸收 Cd 能力最强的大田作物之一，其对土壤 Cd 吸收和向籽粒转移的效率高于油菜、芝麻、向日葵、大豆、豇豆、海军豆、红豆、绿豆、油菜、高粱、玉米和水稻等许多作物（Bell 等，1997；Wang，2002；Angelova 等，2009；Chaudhuri 等，2003；Liu 等，2005）。在我国北方产区，花生籽粒 Cd 平均含量为 0.2~0.3 mg/kg，调查地点的土壤均没有明显污染情况（万书波，2005）。覃志英等（2006）曾对广西市场上的花生进行抽样检测，发现花生样品中 Cd 含量最高值达到了 0.79 mg/kg。因此，如何控制 Cd 在花生籽粒中的积累，特别是在轻度或中度 Cd 污染的土壤上生产出质量安全的花生产品，是一个需要引起重视的前瞻性的课题。

目前，培育利用污染安全型作物品种（PSCs）作为控制作物重金属含量的应用技术受到了国际学术界的广泛关注（Grant 等，2008），低 Cd 硬粒小麦（Penner 等，1995）和向日葵（Li 等，1997）Cd 安全品种选育方面已取得重大进展。国内在 Cd 安全型大白菜（Liu 等，2010）及大麦（Chen 等，2007）的鉴定筛选方面也都取得了重要成果。虽然已有研究结果表明，花生对于 Cd 的吸收及其在体内的迁移转运特性有着显著的遗传差异性（Wang 等，2016）但对于国内现有花生品种资源的 Cd 污染敏感性差异（籽粒 Cd 富集特性）尚缺乏系统的研究。

本实验收集我国 60 个花生生产品种和优质育种材料，在大田种植环境下（田间微区实验），对花生籽粒 Cd 含量进行了测定，并以此为指标，评价花生籽粒 Cd 积累的品种间差异，旨在为镉污染安全性品种的选育提供种质材料。

2.1 材料与方法

2.1.1 供试材料

2.1.1.1 供试土壤

微区实验田土壤为砂姜黑土，为山东省花生生产主要的土壤类型之一，其基本理化性质见表 2-1。

表 2-1 微区实验土壤基本理化性质

土壤类型	土壤pH	有机质/(g·kg⁻¹)	黏粒含量/(g·kg⁻¹)	碱解氮/(mg·kg⁻¹)	有效磷/(mg·kg⁻¹)	速效钾/(mg·kg⁻¹)	全镉/(mg·kg⁻¹)
砂姜黑土	7.1	17.9	118.3	51.6	13.7	79.4	0.03

2.1.1.2 供试花生品种

供试的 60 个花生品种（材料）在株型、粒形和生育期上具有明显差异性，栽培品种在我国北方和南方花生种植区广泛种植。供试花生品种编号和基础信息见附录 1。

2.1.2 实验方案

实验为裂区设计，主区设清洁土壤和污染土壤两个处理，裂区为花生品种。污染土壤处理在花生播种前 3 个月，分 3 次向土壤中施加 $CdSO_4·8/3H_2O$ 溶液，使 0～25 cm 土层土壤中全 Cd 浓度达到 2.05 mg/kg。清洁土壤处理 Cd 含量保持 0.03 mg/kg 的本底水平。

在花生播种前 1 d，施用硫酸铵、过磷酸钙和硫酸钾作基肥，分别按 257.4 kg/hm²、73.5 kg/hm² 和 183.8 kg/hm² 均匀撒施到土壤表面，再用齿耙将肥料混入 0～20 cm 土层中。

播种前将籽粒饱满、大小均匀的花生种子在日光下晒 1 d，然后用硫酸钙饱和溶液 30 ℃浸种 4 h，放在光照培养箱中 30 ℃黑暗保湿催芽，待种子露白后，选择芽头整齐的种子播种。2012 年 5 月 8 日播种，每穴播种 2 粒，每个品种播种 10 穴，行距 42 cm，株距 18 cm，品种随机排列，重复 3 次，每个品种共计播种 30 穴。9 月 15 日收获花生。

2.1.3　测定指标和方法

在花生成熟期收获花生，将荚果摘下，先用自来水清洗，再用去离子水冲洗干净。荚果先晒干，再于烘箱 70 ℃烘干至恒重。

花生籽粒 Cd 的测定采用干法灰化法（GB/T 5009.15—2003）。用原子吸收分光光度计（岛津 AA7000）测定。质量控制样品采用茶叶成分分析标准物质（GBW 07605）。

籽粒 Cd 富集系数=籽粒 Cd 含量/土壤 Cd 含量

2.1.4　数据分析

采用 SPSS 19.0 对数据进行统计分析，并进行 ANOVA 比较；采用 Excel 2013 和 Origin 9.5 进行绘图。

2.2　结果与分析

2.2.1　花生籽粒 Cd 含量的基因型差异

2.2.1.1　清洁土壤中花生籽粒 Cd 含量

如图 2-1 和图 2-2 所示，在清洁土壤环境下，60 个花生品种籽粒 Cd 含量为 14.70～92.75 μg/kg，平均为 54.44 μg/kg，变异系数为 33.03%。BS1016 籽粒 Cd 含量最高（92.75 μg/kg），为参比品种 FH3 籽粒 Cd 含量（14.70 μg/kg）的 6.31 倍。60 个花生品种籽粒 Cd 富集系数为 0.49～3.09，平均为 1.81，变异系数为 33.03%。BS1016 籽粒 Cd 富集系数最高，为 3.09；FH3 籽粒 Cd 富集系数最低，为 0.49。

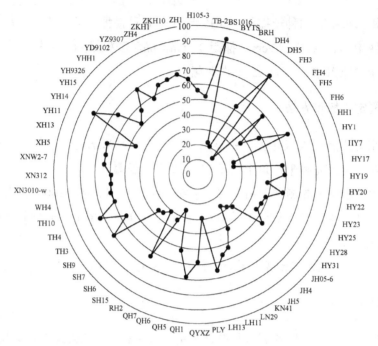

图 2-1　清洁土壤中 60 个花生品种籽粒 Cd 含量（μg/kg）

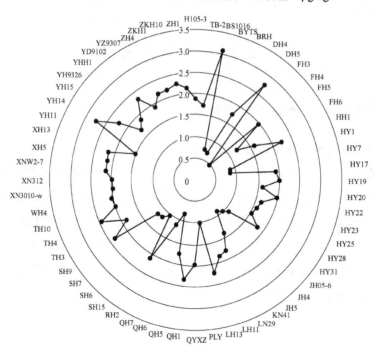

图 2-2　清洁土壤中 60 个花生品种籽粒 Cd 富集系数

2.2.1.2　污染土壤中花生籽粒 Cd 含量

如图 2-3 所示，在污染土壤环境下，60 个花生品种籽粒 Cd 含量为 0.75~3.21 mg/kg，平均为 2.09 mg/kg，变异系数为 27.78%。BS1016 籽粒的 Cd 含量最高（3.21 mg/kg），为参比品种 FH3 籽粒 Cd 含量（0.75 mg/kg）的 4.28 倍。图 2-4 为花生籽粒 Cd 富集系数结果。60 个花生品种籽粒 Cd 生物富集系数为 0.37~1.57，平均为 1.02，变异系数为 27.81%。BS1016 籽粒 Cd 富集系数最高（1.57），为参比品种 FH3 籽粒 Cd 富集系数（0.37）的 4.24 倍。

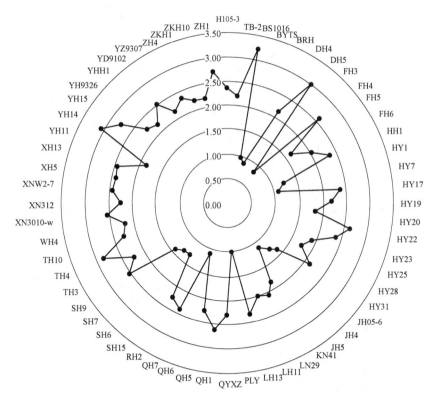

图 2-3　土壤 Cd 浓度为 2.05 mg/kg 时 60 个花生品种籽粒 Cd 含量（mg/kg）

2.2.2　花生籽粒 Cd 含量的聚类分析

对 60 个花生品种籽粒 Cd 含量和籽粒粗蛋白含量进行聚类分析，各筛选出 5 个类群（图 2-5、图 2-6 和图 2-7）。

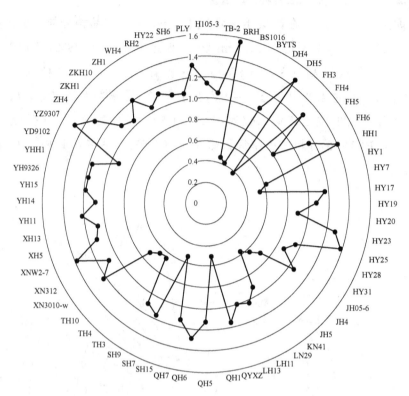

图 2-4 土壤 Cd 浓度为 2.05 mg/kg 时 60 个花生品种籽粒 Cd 富集系数

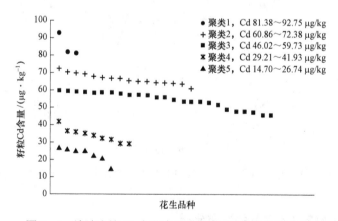

图 2-5 清洁土壤 60 个花生品种籽粒 Cd 含量聚类分析

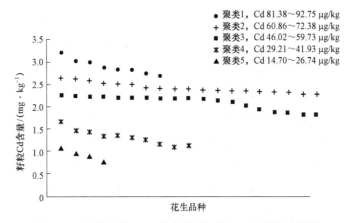

图 2-6　污染土壤 60 个花生品种籽粒 Cd 含量聚类分析

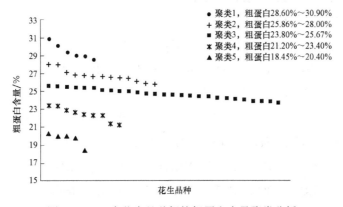

图 2-7　60 个花生品种籽粒粗蛋白含量聚类分析

　　清洁土壤上，5 个类群籽粒 Cd 含量均值依次为 85.33 μg/kg、66.34 μg/kg、54.28 μg/kg、33.82 μg/kg、22.90 μg/kg。对应的品种分别为：

　　聚类 1：BS1016、DH5、YH14；

　　聚类 2：HH1、LH13、QH1、RH2、SH9、TH4、WH4、XNW2-7、XH5、XH13、YH15、YD9102、ZH4、ZKH1、ZKH10、ZH1；

　　聚类 3：H105-3、TB-2、DH4、FH4、FH6、HY17、HY19、HY20、HY22、HY23、HY25、HY28、HY31、LN29、LH11、QYXZ、QH5、TH3、TH10、XN3010-w、XN312、YH11、YH9326、YHH1、YZ9307；

　　聚类 4：FH5、JH05-6、JH4、KN41、PLY、QH7、SH15、SH6、SH7；

　　聚类 5：BYTS、BRH、FH3、HY1、HY7、JH5、QH6。

污染土壤上，5 个类群籽粒 Cd 含量均值依次为 2.90 mg/kg、2.42 mg/kg、2.10 mg/kg、1.32 mg/kg、0.91 mg/kg。对应的品种分别为：

聚类 1：BS1016、DH5、HH1、HY23、TH4、YH14、YH15、ZH1；

聚类 2：H105-3、FH4、FH6、HY17、HY22、LH13、QYXZ、QH1、QH5、QH7、RH2、SH9、TH10、XN3010-w、XNW2-7、XH5、XH13、YD9102、ZH4；

聚类 3：TB-2、DH4、HY19、HY20、HY25、HY28、HY31、KN41、LN29、LH11、TH3、WH4、XN312、YH11、YH9326、YHH1、YZ9307、ZKH1、ZKH10；

聚类 4：FH5、HY1、HY7、JH05-6、JH4、JH5、QH6、SH15、SH6、SH7；

聚类 5：BYTS、BRH、FH3、PLY。

5 个类群籽粒粗蛋白含量均值依次为 29.50%、26.74%、24.74%、22.44%、19.79%。对应的品种分别为：

聚类 1：DH5、HY19、QH1、SH9、YH14、ZH4；

聚类 2：H105-3、BS1016、DH4、FH4、HY28、LN29、LH11、LH13、QYXZ、TH3、TH4、YZ9307、ZKH10；

聚类 3：TB-2、FH3、FH5、FH6、HH1、HY17、HY20、HY22、HY25、HY31、KN41、RH2、SH15、SH6、SH7、TH10、WH4、XN3010-w、XN312、XNW2-7、XH5、XH13、YH15、YHH1、YD9102、ZKH1、ZH1；

聚类 4：BRH、HY1、HY7、HY23、PLY、QH5、QH6、YH11、YH9326；

聚类 5：BYTS、JH05-6、JH4、JH5、QH7。

对花生籽粒 Cd 含量与籽粒粗蛋白含量进行相关分析（表 2-2）发现，两者之间呈极显著的正相关性（$P<0.01$）。清洁土壤籽粒 Cd 含量与籽粒粗蛋白含量之间的相关性（0.734）高于污染土壤籽粒 Cd 含量与籽粒粗蛋白含量之间的相关性（0.631）。

表 2-2 花生籽粒 Cd 含量与籽粒粗蛋白含量相关性分析

项　　目		清洁土壤籽粒 Cd 含量	污染土壤籽粒 Cd 含量	粗蛋白含量
清洁土壤籽粒 Cd 含量	Pearson 相关性	1	0.918**	0.734**
	显著性（双侧）		0	0
	N	60	60	60

项　目		清洁土壤籽粒 Cd 含量	污染土壤籽粒 Cd 含量	粗蛋白含量
污染土壤籽粒 Cd 含量	Pearson 相关性	0.918**	1	0.631**
	显著性（双侧）	0		0
	N	60	60	60
粗蛋白含量	Pearson 相关性	0.734**	0.631**	1
	显著性（双侧）	0	0	
	N	60	60	60
** 在 0.01 水平（双侧）上显著相关。				

2.3　讨　论

本实验中，在没有污染的土壤环境下，60 个供试花生品种籽粒 Cd 含量的最大差异为 6.31 倍（图 2-1）。Römkens 等（2009）调查发现，在没有污染的土壤环境下，水稻糙米中 Cd 含量的品种间最大差异约为 3.7 倍。Clarke 等（2002）则报道，在清洁土壤环境下，硬粒小麦籽粒 Cd 含量的品种间最大差异平均为 5.8 倍。可见，花生籽粒 Cd 含量的品种间差异高于水稻和硬粒小麦，更有利于筛选出镉污染安全型种质材料。

但从籽粒 Cd 的含量来看，花生对土壤 Cd 污染极为敏感。当土壤中的 Cd 含量为 2.05 mg/kg 水平时，即使是镉积累最低的品种丰华 3 号（FH3），其籽粒 Cd 含量（0.75 mg/kg）也大大超出了国家食品卫生标准（GB 2762—2005）规定的 0.5 mg/kg 的限值（图 2-3）。

在污染土壤环境中，品种间籽粒 Cd 含量的最大差异为 4.28 倍，比清洁土壤环境下品种间的最大差异值（6.31 倍）明显缩小。Römkens 等（2009）曾发现，在污染土壤环境下，水稻糙米镉含量的品种间最大差异可由清洁土壤环境下的 3.7 缩小到 1.5 倍以下。Kobori 等（2010）也发现，大豆籽粒 Cd 含量的品种间差异表现为清洁土壤环境大于污染土壤环境。但是，根据 Zeng 等（2008）的调查，水稻 Cd 含量的品种间差异是中度污染土壤环境下（有效 Cd 含量 1.17 mg/kg）大于轻度污染土壤环境（有效 Cd 含量 1.09 mg/kg），不过，随着土壤 Cd 污染程度的进一步提高（有效 Cd 含量 5.21 mg/kg），品种间的差异又会回落到低于轻度污染土壤环境的水平。综合两种土壤环境的实验结果可知，花生籽粒镉含量的品种间遗传差异要明显大于水稻等其他作物。

Cd 进入籽粒后主要与蛋白质及碳水化合物结合在一起，本研究发现，籽粒 Cd 含量与籽粒粗蛋白含量呈极显著正相关性，相关系数分别为 0.631 和 0.734。Dai 等（2016）研究了 2009—2014 年间 8 698 份花生籽粒样本，花生籽粒的蛋白质含量与籽粒 Cd 含量水平具有显著相关性（Pearson 相关系数 $r=0.86^{**}$），与本研究结果一致。籽粒 Cd 含量与粗蛋白含量的聚类中，同一级聚类的花生品种并不一一对应，如籽粒 Cd 含量最高的白沙 1016，其籽粒粗蛋白含量并不是最高的，其籽粒高 Cd 积累特性除了与籽粒粗蛋白含量有关外，可能还与根系对 Cd 的吸收、分配有关系。

2.4 本 章 小 结

在两种土壤中，不同基因型花生籽粒 Cd 含量差异显著。白沙 1016 籽粒 Cd 含量最高，为参比品种丰花 3 号（籽粒 Cd 含量最低）的 4.28 倍（污染土壤）和 6.31 倍（清洁土壤）。籽粒 Cd 含量与籽粒粗蛋白含量呈极显著正相关（$P<0.01$）。花生籽粒高蛋白质含量可能是花生籽粒 Cd 积累高于其他作物的原因之一。

第 3 章

不同基因型花生对镉胁迫的生理响应

Cd 是一种生物毒性很强的痕量元素，在前 20 位毒素中排名第 7 位（Yang 等，2004）。镉在环境中的过量积累可降低植物养分吸收、抑制光合作用、糖代谢及其他代谢活动（Van Assche 和 Clijsters，1990；Moya 等，1993；Sandalio 等，2001）。同时，Cd 对植物抗氧化系统产生抑制作用，其特点是脂质过氧化物和氧化蛋白的积累（Ekmekc I 等，2008）。关于 Cd 胁迫下植物生理毒性指标的研究已有大量报道，涉及禾本科植物、蔬菜植物、木本植物等，有关花生对镉毒性的生理响应及其种内遗传差异的研究非常有限。

本章以第 2 章筛选出的籽粒高 Cd 和低 Cd 积累型花生品种为供试材料，研究了不同类型花生品种对 Cd 胁迫的生理响应机制。

3.1　材料与方法

3.1.1　供试材料

供试花生品种为田间微区实验筛选出的籽粒高 Cd 积累代表性品种白沙 1016（BS1016）和日花 2 号（RH2），以及籽粒低 Cd 积累代表性品种青花 6 号（QH6）和丰花 3 号（FH3）。

3.1.2　实验方案

实验采用全营养液加 Cd 培养，人工气候箱控制光温条件。实验前选取籽粒饱满、大小均匀的花生种子，在日光下晒 1 d，用 1%次氯酸钠消毒 10 min 后再用蒸馏水冲洗干净。然后用硫酸钙饱和溶液 30 ℃浸种 4 h，取出放在光照培养箱中 30 ℃黑暗保湿催芽，待种子出芽 1 cm 后，选择芽头整齐的种子置于不同 Cd 处理的 Hoagland（pH=6.0）全营养液塑料容器中培养。营养液 Cd 浓度设置为 0 μmol/L、5 μmol/L、10 μmol/L、20 μmol/L、40 μmol/L 和 80 μmol/L 6 个水平，每个处理重复 3 次，Cd 源为 $CdCl_2$。塑料容器体积为 1 L（11.7 cm×10.7 cm×9 cm），装入 650 mL 的营养液，上置定植框，用脱脂棉将种子固定在定植框上，每个容器定植 4 棵花生。将培养容器放进人工气候箱（RDN－1000D－3）中进行培养，培养条件为：白天光照 14 h，光强 10 000 lx，温度（35±1）℃；晚上 10 h，温度（25±1）℃，湿度 65%。培养液每 5 d 更换一次，处理 30 d 后收获花生植株并测定相关指标。

3.1.3　测定指标和方法

3.1.3.1　生物量

每个处理取 2 棵苗，先用去离子水清洗干净，再将花生根部浸泡在 20 mmol/L Na_2－EDTA 溶液中 15 min，以除去表面吸附的 Cd^{2+}，然后用去离子水冲洗干净，将根系与茎叶部分开，于烘箱中 105 ℃杀青 30 min，80 ℃烘干至恒重，称重，记录花生茎叶和根系的干重（DW）。

3.1.3.2　叶绿素含量

参照路文静等（2012）方法。以 95%乙醇为空白，在波长 649 nm 和 665 nm 下测定吸光度。

$$样品叶绿素浓度 C_T（mg/L）=18.08A_{649}+6.63A_{665}$$

$$叶片叶绿素含量（mg/g）=C_T×提取液体积×稀释倍数/样品鲜重$$

3.1.3.3　根系活力

参照路文静等（2012）方法。用乙酸乙酯定容至 10 mL，用分光光度计在 485 nm 下比色，以空白试样（先加硫酸，再加根样品）作参比测定吸光度。

$$根系活力[μg/（g·h）]=TTC 还原量/（根重×时间）$$

3.1.3.4　细胞膜透性

参照路文静等（2012）方法。用电导仪测定浸出液的电导值，之后将试管放入沸水中加热 40 min，再次测定电导值。

$$细胞膜透性=煮沸前外渗液电导值/煮沸后外渗液电导值×100%$$

3.1.3.5　丙二醛（MDA）含量

TCA 比色法（路文静等，2012）。在波长 450 nm、532 nm、600 nm 处测

定吸光度。

反应混合液中 MDA 的浓度（μmol/L）：

$$C_{MDA}=6.45(A_{532}-A_{600})-0.56A_{450}$$

MDA 含量（μmol · (g FW)$^{-1}$）= C_{MDA} × 提取液体积 × 稀释倍数/样品鲜重

3.1.3.6　抗氧化酶活性

选取子叶上方第 5 片全展完全叶或侧根根尖，称取 0.2 g 鲜样，放到 4 ℃ 预冷的研钵中，用液氮磨碎，将 4 mL 磷酸缓冲液分次加入研钵中，直至样品全部转移至离心管中。4 ℃，12 000 r · min^{-1} 离心 10 min，上清液为粗酶液。

（1）超氧化物歧化酶（SOD）活性的测定：

采用 NBT 比色法。以不照光对照管作为空白参比，在波长 560 nm 处测定吸光度值。用抑制 NBT 光还原的 50% 作为一个 SOD 活性单位（U），即 U=ΔA_{570} · min^{-1} · (g FW)$^{-1}$。

$$SOD \text{ 活性（U）} = \frac{(A_C - A_S) \times V}{0.5 \times A_C \times V_S \times t \times W}$$

（2）过氧化物酶（POD）活性的测定：

以每克鲜重（FW）样品每分钟吸光度变化值增加 0.001 时为 1 个 POD 活性单位（U），即 U=A_{470} · min^{-1} · (g FW)$^{-1}$。

$$POD \text{ 活性（U）} = \frac{\Delta A_{470} \times V}{0.001 \times \Delta t \times V_S \times W}$$

（3）过氧化氢酶（CAT）活性的测定：

取 3 mL 20 mmol/L 过氧化氢溶液加入 10 mL 试管中，加入 50 μL 粗酶液并迅速混匀后转移至石英比色皿，在波长 240 nm（紫外可见分光光度计）处测定吸光度值 A，连续测定 1 min，记录初始值（$A_初$）和终止值（$A_终$）。

以每克鲜重（FW）样品每分钟吸光度变化 0.001 为 1 个 CAT 活性单位（U），即 U=ΔA_{240} · min^{-1} · (g FW)$^{-1}$。

$$CAT \text{ 活性（U）} = \frac{\Delta A_{240} \times V}{0.001 \times \Delta t \times V_S \times W}$$

3.1.3.7　植株 Cd 含量、Cd 累积量和转移系数

将烘干后的茎叶和根系充分研磨，分别称取茎叶干样 0.2 g、根系干样 0.1 g（精确到 0.000 1 g）于消煮管中，加入 8 mL 优级纯 HNO$_3$ 溶液，加盖浸泡过夜后加入 2 mL 优级纯 HClO$_4$，管口盖上加弯颈漏斗，放在消解炉（FOSS

2040BD40）上消解。消解炉初始温度设定为 180 ℃，当消煮管中样品消解完，溶液呈透明棕黄色后，取下弯颈漏斗，将消解炉温度调到 210 ℃，直至消煮管中的液体近似蒸干为止，将蒸干后的样品用蒸馏水冲洗后，再放入消解炉中进行消解，反复两次后，将剩余溶液转移至 25 mL 容量瓶中，定容至刻度，同时做试剂空白。用原子吸收分光光度计（岛津 AA7000）火焰吸收法测定，采用国家标准样品《茶叶成分分析标准物质》（GBW 07605）进行质量控制。

$$Cd\ 含量\ X = \frac{(A_1 - A_0) \times V \times 1\,000}{m \times 1\,000}$$

式中，X 为样品中 Cd 含量（mg/kg）；A_1 为测定样品中 Cd 浓度（mg/L）；A_0 为空白样品中 Cd 含量（mg/L）；V 为样品定容总体积（mL）；m 为样品质量（g）。

植株 Cd 累积量（μg）=植株 Cd 含量×植株生物量（g）

转移系数（TF）=地上部 Cd 含量/根系 Cd 含量

3.1.4 数据分析

采用 SPSS 19.0 对数据进行双因素方差分析，并用 Duncan 进行显著性差异检验；采用 Excel 2013 和 Origin 9.5 进行绘图。

3.2 结果与分析

3.2.1 Cd 对不同基因型花生植株生理指标的影响

3.2.1.1 生物量

如图 3-1 所示，随着 Cd 浓度的不断升高，花生茎叶和根生物量均呈现先升高后降低的趋势，在营养液 Cd 浓度为 5 μmol/L 时达最大值。其中茎叶生物量最大值依次为日花 2 号（2.70 g）＞青花 6 号（1.96 g）＞丰花 3 号（1.79 g）＞白沙 1016（1.62 g）；根系最大生物量依次为日花 2 号（0.87 g）＞青花 6 号（0.85 g）＞丰花 3 号（0.71 g）＞白沙 1016（0.61 g）。在 Cd 浓度为 5 μmol/L 时，4 个花生品种根冠比达到最大值；当 Cd 浓度＞5 μmol/L 时，除青花 6 号外，随着 Cd 含量的增加，花生根冠比显著降低。在 Cd 浓度相同条件下，青花 6 号根冠比显著大于其他 3 个品种，日花 2 号则显著低于其他 3 个品种。

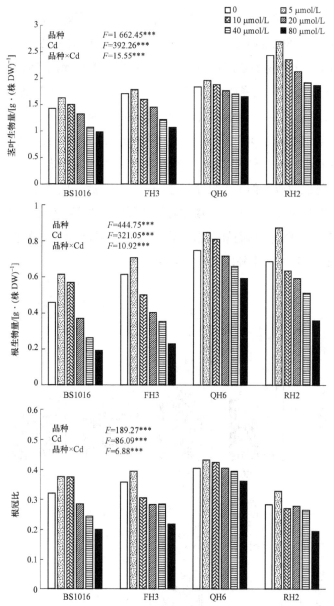

图 3-1 不同 Cd 处理下花生生物量及根冠比 (***：$P < 0.001$)

3.2.1.2 叶绿素含量

从图 3-2 可以看出，4 个花生品种茎叶的叶绿素 a、b 和总含量均随培养液中 Cd 浓度水平的提高而呈现明显的下降趋势，叶绿素 a/b 比值的变化规律则因花生品种不同而异。在 4 个供试品种中，白沙 1016 的叶绿素 a 的含量受营养液 Cd 浓度升高的影响相对较少，仅呈现小幅度降低趋势，即从对照的 1.49 mg/g 降低至 80 μmol Cd/L 处理的 1.12 mg/g，最大降幅为 24.8%。丰花 3 号的叶绿素a的含量受加 Cd 的影响较大，从对照的 1.28 mg/g 降至 80 μmol Cd/L 处理的 0.77 mg/g，最大降幅为 39.88%。丰花 3 号叶绿素 b 含量变化幅度为 0.44～0.78 mg/g。丰花 3 号的总叶绿素含量最高，为 2.88 mg/g，此时的花生植株并没受到 Cd 的胁迫影响，最低的为 0.79 mg/g，此时的 Cd 浓度为 80 μmol/L。由以上可以看出，在一定的 Cd 浓度阈值内，Cd 对花生植株的叶绿素含量并没有很明显的胁迫效应，但 Cd 浓度超过 40 μmol/L 后，供试花生品种植株叶绿素含量均出现显著变化。并且由图中还可以看出，白沙 1016 中叶绿素 a 的含量会随着 Cd 浓度的升高而呈现出比叶绿素 b 含量增长快的现象。并且在 Cd 浓度为 80 μmol/L 时，这种现象最为明显。

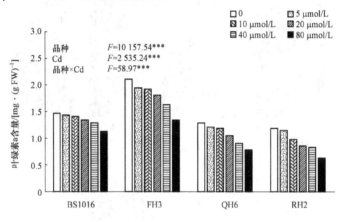

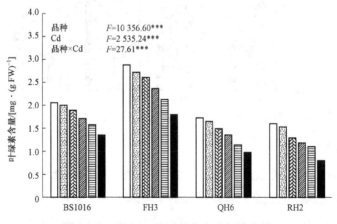

图 3-2　不同 Cd 处理下花生叶绿素含量

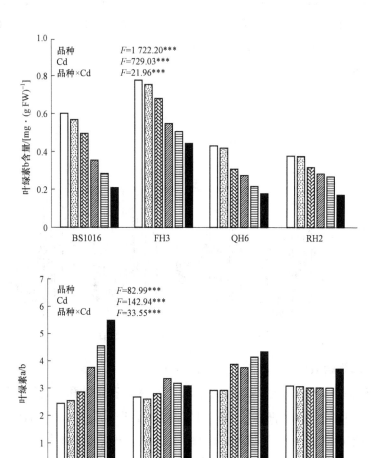

图 3-2　不同 Cd 处理下花生叶绿素含量（续）

3.2.1.3　根系活力

由图 3-3 可以看出，白沙 1016 的根系活力在不受 Cd 胁迫的时候为 24.50 μg/（g·h FW），随着 Cd 浓度的增加，根系活力逐渐降低，直至降到 8.06 μg/(g·h FW)。丰花 3 号在无 Cd 的营养液中培养后，根系活力为 21.53 μg/ (g·h FW)，随着 Cd 浓度逐渐升高，根系活力最终为 11.24 μg/（g·h FW）。青花 6 号的根系活力由 24.45 μg/（g·h FW）降至 15.96 μg/（g·h FW），日花 2 号的根系活力由 22.45 μg/（g·h FW）降至 7.92 μg/（g·h FW）。在 Cd

胁迫的情况下，白沙 1016、丰花 3 号、青花 6 号和日花 2 号的根系活力与对照相比分别下降了 67.1%、47.8%、34.72%、64.7%，白沙 1016 受到 Cd 的影响最大，而青花 6 号受到 Cd 胁迫后变化幅度最小。青花 6 号的根系活力相对于其他三种花生品种来说是最高的。

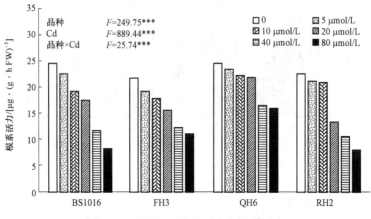

图 3-3   不同 Cd 处理下花生根系活力

3.2.1.4   细胞膜透性

由图 3-4 可以看出，随着 Cd 浓度的升高，花生叶和根的细胞膜透性均相应增加，叶细胞膜透性远低于根细胞膜透性。在没有 Cd 胁迫的情况下，日花 2 号根细胞膜透性为叶细胞膜透性的 12.8 倍，当 Cd 浓度为 80 μmol/L，根细胞膜透性为叶细胞膜透性的 14.8 倍。白沙 1016 对照的叶细胞膜透性为 3.51%，随着 Cd 浓度的升高，其叶细胞膜透性也随之增大，当 Cd 浓度为 80 μmol/L 时，叶细胞膜透性达到最大，为 5.33%，根细胞膜透性则由对照的 28.06% 升至 80 μmol Cd/L 处理的 50.11%。即随着 Cd 浓度的增加，细胞膜破坏程度加大，根系比叶受伤害的程度更大。

3.2.1.5   MDA 含量

由图 3-5 可以看出，随着花生受到 Cd 胁迫浓度的不断升高，花生叶和根中的 MDA 的含量也不断增加。白沙 1016 叶中的 MDA 含量为 3.50～5.33 μmol/（g FW），日花 2 号叶中的 MDA 含量为 2.47～4.29 μmol/（g FW），青花 6 号叶中的 MDA 含量为 2.50～3.82 μmol/（g FW），丰花 3 号叶中的 MDA 含量为 3.15～4.37 μmol/(g FW)。与对照相比，当 Cd 胁迫浓度为 80 μmol/L

时，白沙 1016 叶中的 MDA 含量增长幅度最大，增加了 52.29%。白沙 1016 根中的 MDA 含量为 7.19～11.14 µmol/（g FW），日花 2 号根中的 MDA 含量为 6.71～9.30 µmol/（g FW），青花 6 号根中的 MDA 含量为 4.77～6.12 µmol/（g FW），而丰花 3 号根中的 MDA 含量为 7.16～11.24 µmol/（g FW）。与对照相比，当 Cd 胁迫浓度为 80 µmol/L 时，丰花 3 号根中的 MDA 含量增长幅度最大，增加了 57.40%。相同 Cd 浓度下同一花生品种根 MDA 的增加幅度比叶中 MDA 的增长幅度大，即根系受到 Cd 的胁迫程度要高于叶片。

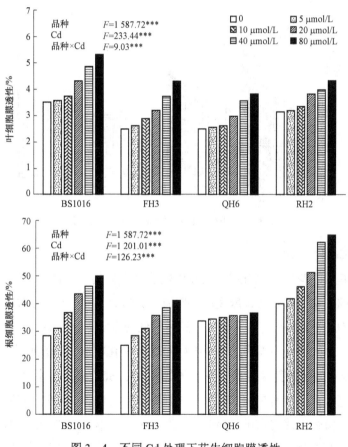

图 3-4　不同 Cd 处理下花生细胞膜透性

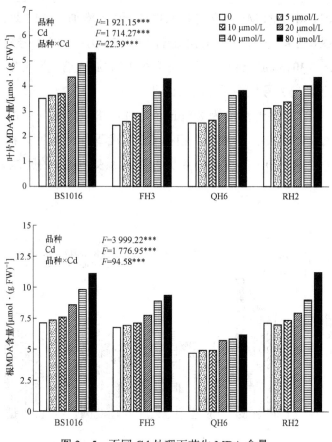

图3-5 不同Cd处理下花生MDA含量

3.2.1.6 抗氧化酶活性

不同基因型花生抗氧化酶对Cd的响应是不同的，由图3-6可以看出，同一品种的花生，随着Cd浓度的不断升高，叶片中的SOD呈现出不同的状况，白沙1016和丰花3号呈现先升高后降低的现象，而日花2号和青花6号则是逐渐升高，并没有降低。根中的SOD的变化状况则和茎叶中SOD的变化是一致的。但是日花2号和青花6号的茎叶中SOD的增长幅度比根中SOD的增长幅度大。而叶片中POD的活性则显示为，白沙1016与丰花3号都呈现先增长后降低的趋势，在Cd浓度为20 μmol/L时，叶片中的POD活性达到最大，而日花2号和青花6号的则呈现逐渐增长的趋势；但是根中POD的活性则呈现出与叶中的POD完全不同的增长方式，其中白沙1016与丰花3号都呈现先增加后降低的趋势，而日花2号与青花6号则呈现先降低后升高的趋势。花生植株中叶片 CAT 的活性与根 CAT 的活性变化则是相同的，都呈现先升高后降低的趋势，并且活性达到最大时 Cd 的浓度为 20 μmol/L。

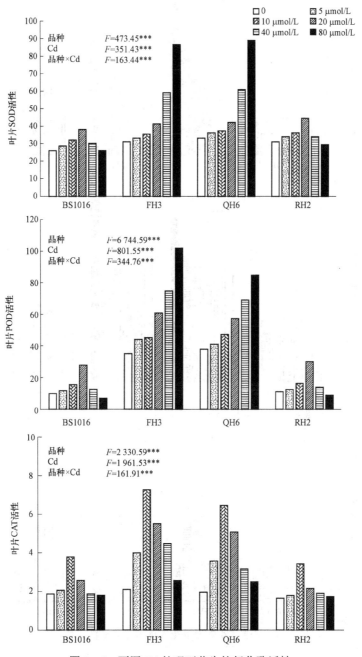

图 3-6　不同 Cd 处理下花生抗氧化酶活性

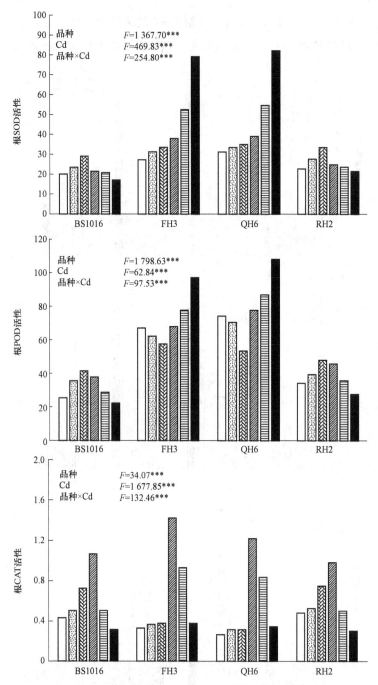

图 3-6 不同 Cd 处理下花生抗氧化酶活性（续）

3.2.2　不同基因型花生对 Cd 吸收的差异

不同基因型的花生对 Cd 的吸收分配特性存在显著的遗传差异。从图 3-7 可以看出，不同基因型花生在相同 Cd 浓度下，其植株中 Cd 含量差异显著。在 Cd 浓度为 80 μmol/L 时，白沙 1016、日花 2 号、青花 6 号、丰花 3 号茎叶中 Cd 含量分别为 241.99 mg/kg、113.33 mg/kg、120.33 mg/kg、192.47 mg/kg，根中 Cd 含量则分别为 1 691.60 mg/kg、818.33 mg/kg、919.02 mg/kg、1 376.60 mg/kg。随着营养液中 Cd 浓度的逐渐增加，花生植株 Cd 含量也逐渐增加，但品种间差异显著。其中白沙 1016 茎叶的 Cd 含量为 59.70～241.99 mg/kg，日花 2 号茎叶的 Cd 含量为 36.61～113.33 mg/kg，青花 6 号茎叶的 Cd 含量为 39.22～120.33 mg/kg，丰花 3 号茎叶的 Cd 含量为 55.37～192.46 mg/kg；白沙 1016 根的 Cd 含量为 189.58～1 691.60 mg/kg，日花 2 号根的 Cd 含量为 141.86～818.33 mg/kg，青花 6 号根的 Cd 含量为 170.43～919.02 mg/kg，丰花 3 号根的 Cd 含量为 181.18～1 376.60 mg/kg。并且相同基因型的花生在相同 Cd 浓度的胁迫下，其茎叶与根中的 Cd 含量是明显不同的，且根中的 Cd 含量明显高于茎叶中的 Cd 含量。其中 Cd 的累积量在茎叶和根中都随着 Cd 浓度的升高而呈现逐渐升高的趋势，但是其中白沙 1016 与日花 2 号呈现不同的增长方式。

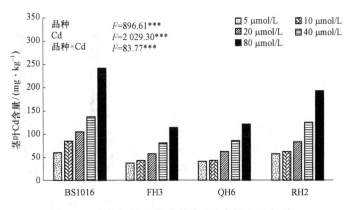

图 3-7　不同 Cd 处理下花生 Cd 含量和累积量

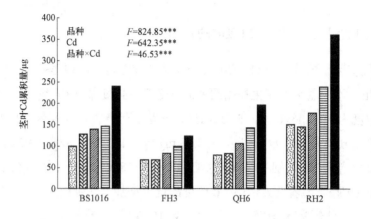

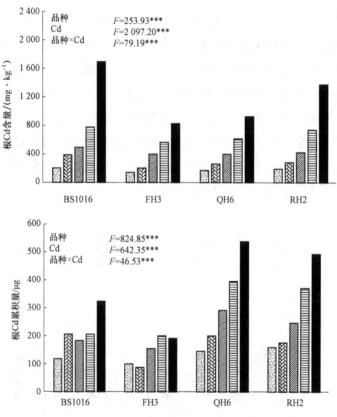

图 3-7　不同 Cd 处理下花生 Cd 含量和累积量（续）

　　从图 3-8 中可以看出，不同 Cd 处理下花生 Cd 的转移系数是不同的，4
个花生品种的转移系数在 Cd 浓度为 5 μmol/L 时是最高的，但是随着 Cd 浓度的升高, 转移系数逐渐降低; Cd 浓度为 5~10 µmol/L 时, 4 个花生品种的转移系数降低幅度最大; 当 Cd 浓度大于 20 µmol/L 时, 转移系数降低幅度逐渐变慢。根中的 Cd 累积量是明显高于茎叶中 Cd 累积量的 (图 3-9)。日花 2 号的根中 Cd 累积量与茎叶中的 Cd 累积量相差是最小的。植株受到 Cd 胁迫时, 随着 Cd 浓度的升高, 植株中 Cd 的含量与累积量都在逐渐升高, 并且根中 Cd 的含量远远高于茎叶中 Cd 的含量。

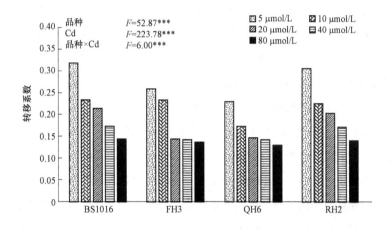

图 3-8　不同 Cd 处理下花生 Cd 的转移系数

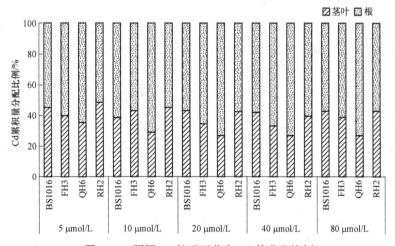

图 3-9　不同 Cd 处理下花生 Cd 的分配比例

3.3 讨 论

已有研究表明，Cd 胁迫会影响花生的各项生理指标，且不同基因型花生品种对 Cd 胁迫的生理反应有一定的差异性。王凯荣等（2010）曾依据加 Cd 培养 25 d 的实验结果（花生初花期）将花生的 Cd 胁迫反应分为钝感型、普通型和敏感型 3 种类型。也有大量实验发现，当环境 Cd 浓度较低时，会促进包括花生在内的许多植物的营养生长，只有当 Cd 胁迫浓度上升到一定阈值后，才会表现出显著抑制植物营养生长的特征（高芳等，2011）。在本实验中，花生植株的生物量、叶片中 CAT 的活性等都在低 Cd 浓度时表现为促进效应。

花生对 Cd 胁迫的生理响应存在显著的品种间遗传差异，其中各花生品种的根和叶细胞膜透性对 Cd 胁迫响应相对较为敏感，而叶绿素含量、株高及生物量对 Cd 的胁迫响应相对不敏感（刘文龙等，2009）。在本研究中，4 个不同基因型花生的叶细胞膜透性比根细胞膜透性要少很多，并且根细胞膜透性比叶细胞膜透性增长得快，但是总体上来说，花生的根和叶细胞膜在 Cd 的胁迫下都呈现逐渐增长的趋势，也就是对 Cd 胁迫比较敏感。在一定的 Cd 浓度范围内，Cd 对花生植株的叶绿素并没有很明显的胁迫作用，直到浓度超过 40 μmol/L 后，Cd 会胁迫到植株中叶绿素的含量，所以不同基因型的花生的叶绿素含量对 Cd 的胁迫响应相对细胞膜透性来说还是不敏感的。而 4 种不同基因型的花生品种，随着 Cd 浓度的不断升高，植株的茎叶生物量与根生物量都呈现先升高后降低的趋势，在浓度为 5 μmol/L 时达到最大值。

在各种 Cd 浓度胁迫下，花生根中 MDA 含量均显著高于叶片，但叶 MDA 含量随 Cd 浓度而增加的幅度却显著大于根系，花生根系受 Cd 胁迫毒害程度高于叶片。另外，花生叶和根 MDA 含量的品种间差异也因环境 Cd 浓度不同而有所改变（刘文龙等，2009）。根中 MDA 的含量在没有 Cd 胁迫时比叶中 MDA 的含量多，并且当同一种花生品种受到相同的 Cd 浓度的影响后，根中 MDA 的增长幅度也比叶中 MDA 的增长幅度大。

Cd 胁迫对花生根系的影响比地上部复杂（高芳等，2011）。从图 3-3 可以看出，在有 Cd 胁迫的情况下，白沙 1016、丰花 3 号、青花 6 号、日花 2 号与空白相比的变化百分比分别为 67.1%、47.8%、34.72%、64.7%，由此可以得出白沙 1016 最容易受到 Cd 的影响,而青花 6 号受到 Cd 胁迫后变化幅度最小。但是总体来说,青花 6 号的根系活力相对于其他 3 个花生品种来说是最高的。

Cd 在土壤中具有较强的化学活性,作物很容易吸收土壤中的 Cd,使之进入食物链,从而在人体中积累并产生毒害（郭亚平等,2005）。所以在本实验中对花生植株中茎叶和根的 Cd 含量、转移系数及 Cd 累积量分配比例的研究就更加有意义。

3.4　本章小结

水培条件下，随着 Cd 浓度的增加，4 个花生品种的茎叶生物量和根生物量均呈现先升高后降低的趋势，在 Cd 浓度为 5 μmol/L 时达到最大值；细胞膜透性、MDA 含量、植株 Cd 含量和 Cd 累积量显著增加，而叶绿素含量和根系活力显著降低；青花 6 号和丰花 3 号的 SOD 活性和 POD 活性显著增加，白沙 1016 和日花 2 号的 SOD 活性和 POD 活性呈先升高后降低的趋势，在 Cd 浓度为 20 μmol/L 时达到最大值；4 个花生品种的 CAT 活性随着 Cd 浓度增加而呈现先升高后降低的趋势，根系 CAT 活性在 Cd 浓度为 40 μmol/L 时达到最大值，叶片 CAT 活性在 Cd 浓度为 20 μmol/L 时达到最大值。白沙 1016 茎叶和根的 Cd 含量显著高于其他 3 个花生品种。

第 4 章

不同基因型花生根系对镉胁迫的响应

Cd 在作物体内，包括在作物籽粒中的含量，很大程度上取决于作物根系的吸收能力（Alloway 等，1990）。对同一作物品种而言，通常情况下，其根、茎叶和籽粒 Cd 浓度之间存在某种相关性，作物可食部分（产品）的 Cd 含量高低与植物地上部分 Cd 的累积量之间更具有高度的一致性（杨居荣等，1994；王凯荣等，2006）。花生籽粒中的 Cd 也主要来源于根系的吸收，虽然果荚也有一定的吸收能力（Popelka 等，1996；Mclaughlin 等，2000）。由此可以假设，花生籽粒 Cd 含量的品种间差异主要取决于花生根系对 Cd 的吸收能力，同时与 Cd 在花生植体内的迁移性有关。因此可以假设，通过测定花生 Cd 胁迫下苗期根系形态特征和根系分泌物变化，能在某种程度上判断花生产品（籽粒）Cd 的污染风险。

4.1　材料与方法

4.1.1　供试材料

供试花生品种同第 3 章，为田间微区实验筛选出的籽粒高积累代表性品种白沙 1016（BS1016）和日花 2 号（RH2），以及籽粒低积累代表性品种青花6 号（QH6）和丰花 3 号（FH3）。

4.1.2　实验方案

4.1.2.1　花生根系形态对 Cd 胁迫的响应

培养条件和 6 个 Cd 处理水平同第 3 章 3.1.2 节。培养 14 d 后收获花生植株并测定相关根系形态指标。

4.1.2.2　花生根系分泌物对 Cd 胁迫的响应

选取籽粒饱满、大小均匀的供试花生种子在日光下晒 1 d，用 1% 次氯酸钠消毒 10 min 后用蒸馏水冲洗干净。然后用硫酸钙饱和溶液于 30 ℃ 浸种 4 h，取出放在光照培养箱中于 30 ℃ 黑暗保湿催芽，待种子出芽 1 cm 后，选择芽头整齐的种子至不同 Cd 处理的 Hoagland（pH=6.0）全营养液的塑料桶中培养。Cd 浓度设 0 和 10 μmol/L 两个水平，每个处理重复 5 次，Cd 源为 $CdCl_2$。塑料容器体积为 1 L（11.7 cm×10.7 cm×9 cm），装入 650 mL 的营养液，上置定植框，用脱脂棉将种子固定在定植框上，每个处理种 4 棵花生。将花生放进人工气候箱（RDN-1000D-3）中进行培养，培养条件为：白天光照 14 h，光强 10 000 lx，温度（35±1）℃，晚上 10 h，温度（25±1）℃，湿度为 65%。培养液每 5 d 换一次，处理 30 d 后收集根系分泌物。

4.1.3　测定指标和方法

4.1.3.1　生物量

测定方法同第 2 章 2.1.3.1 节。

4.1.3.2　根系形态

根系形态采用扫描测定法。处理 14 d 后，收获花生植株，将地上部茎叶和根系分开，用蒸馏水清洗根系，用全自动根系扫描仪（EPSON STD1600）对离体根进行扫描以获取图像，用分析系统软件 WinRHIZO2000（Regent，加拿大）获得总根长、根总表面积、根体积、根平均直径、根尖数和比根长等形态学参数。

比根长（cm/mg）=总根长/根生物量

4.1.3.3　根系分泌物

根系分泌物的收集采用溶液培收集法（王艳红等，2008）。取培养 30 d 后的花生植株 8 棵，依次用去离子水、无菌水和 0.5 mmol/L 无菌 $CaCl_2$ 充分冲洗根系，之后放入装有 500 mL 0.5 mmol/L 无菌 $CaCl_2$ 溶液的黑色塑料瓶中，置于人工气候箱中连续收集根分泌物液 6 h，每个处理重复 4 次。将收集的根系分泌物液在超净工作台中用 0.45 μm 滤膜过滤，用旋转蒸发器（40 ℃）浓缩至近干，定容至 10 mL，用 0.45 μm 滤膜过滤后作为试液，-20 ℃ 保存，供 HPLC 分析。

标准样品为苹果酸、酒石酸、草酸，均为色谱纯（Sigma 公司）。液相色谱的检测条件为：C18 色谱柱，流动相为 pH 2.5，10% 的磷酸氢二铵缓冲液，流速为 0.8 mL/min，检测波长 210 nm，进样量 20 μL，柱温 30 ℃。

4.1.3.4 植株 Cd 含量、Cd 累积量和转移系数

测定方法同第 3 章 3.1.3.7 节。

4.1.4 数据分析

采用 SPSS19.0 对数据进行双因素方差分析，并用 Duncan 进行显著性差异检验；采用 Excel 2013 和 Origin 9.5 进行绘图。

4.2 结果与分析

4.2.1 花生植株生物量和根冠比差异

由图 4-1 可以看出，4 个花生品种的茎叶和根生物量都是营养液 Cd 浓度为 5 μmol/L 的处理高于无 Cd 对照，之后，随着营养液 Cd 水平提高，茎叶和根系生物量均显著下降。花生根冠比也是营养液 Cd 浓度为 5 μmol/L 的处理最高，之后随着营养液 Cd 浓度提高而出现不同程度的下降，但变化的规律性不如茎叶和根系生物量，而品种间的差异性则大于茎叶和根系生物量。其中白沙 1016（BS1016）和丰花 3 号（FH3）的根冠变化比受营养液 Cd 浓度的影响大于青花 6 号（QH6）和日花 2 号（RH2）。青花 6 号（QH6）的根冠比与另外 3 个品种相比较，在不同的 Cd 处理浓度下，均处于最高值。

4.2.2 花生对 Cd 吸收与分配差异

由图 4-2 可以看出，4 个品种花生茎叶和根系的 Cd 含量及 Cd 累积量均随营养液 Cd 浓度的增加而呈现显著上升趋势。在营养液 Cd 浓度为 80 μmol/L 时（最高水平处理），白沙 1016 号（BS1016）的茎叶和根 Cd 含量分别为 159.72 mg/kg 和 372.15 mg/kg；丰花 3 号（FH3）的分别为 89.54 mg/kg 和 245.50 mg/kg；青花 6 号（QH6）的分别为 110.71 mg/kg 和 275.71 mg/kg；日花 2 号（RH2）的分别为 140.50 mg/kg 和 344.15 mg/kg。在营养液 Cd 浓度为 80 μmol/L 时，白沙 1016 号（BS1016）茎叶 Cd 累积量最高；青花 6 号（QH6）和日花 2 号（RH2）在营养液 Cd 浓度为 80 μmol/L 时，根 Cd 累积量达到最

高值；只有丰花 3 号（FH3）在 Cd 浓度为 40 μmol/L 时，根 Cd 累积量每株达到最高，为 32.10 μg。

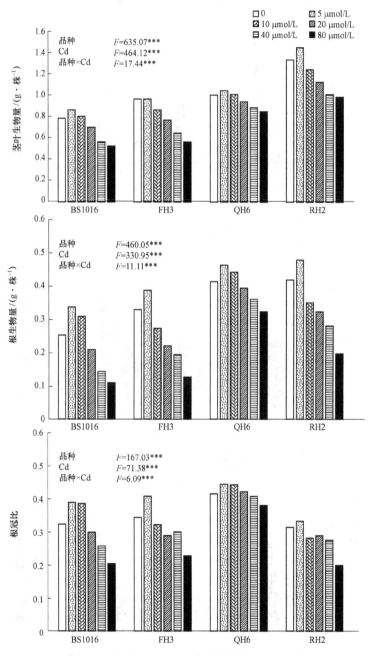

图 4-1　不同 Cd 处理下花生生物量及根冠比

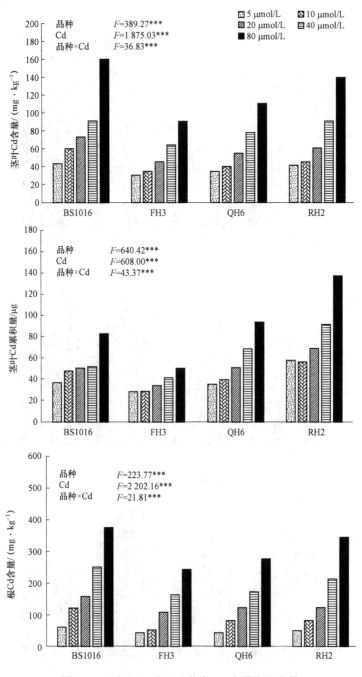

图 4-2　不同 Cd 处理下花生 Cd 含量和累积量

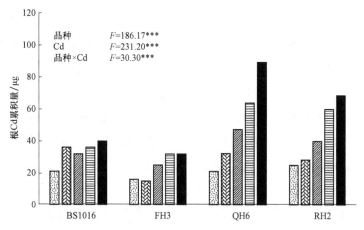

图 4-2　不同 Cd 处理下花生 Cd 含量和累积量（续）

由图 4-3 可以看出，Cd 的生物转移系数从总体上表现为随营养液 Cd 水平提高而降低。当 Cd 浓度为 5 μmol/L 时，日花 2 号（RH2）的 Cd 转移系数最大，其次为青花 6 号（QH6）、白沙 1016（BS1016），丰花 3 号（FH3）的 Cd 转移系数最小。Cd 浓度为 80 μmol/L 时，丰花 3 号（FH3）、青花 6 号（QH6）和日花 2 号（RH2）的 Cd 转移系数最低，分别为 0.36、0.40、0.41，3 个品种间差异不显著。当 Cd 浓度大于 20 μmol/L 时，白沙 1016（BS1016）的 Cd 转移系数显著高于其他 3 个品种（Cd 浓度为 40 μmol/L 时除外）。

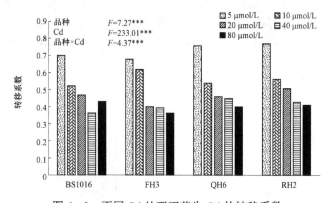

图 4-3　不同 Cd 处理下花生 Cd 的转移系数

4.2.3　花生根系形态差异

由图 4-4 和表 4-1 可以看出，随着营养液 Cd 浓度水平提高，4 个花生品种的总根长、根表面积、根尖数 3 个参数均呈下降趋势，而根体积、根平均直径和比根长 3 个参数的变化趋势因品种而异。随着 Cd 浓度的增加，白沙1016 号（BS1016）、青花 6 号（QH6）、日花 2 号（RH2）的总根长和根表面积呈现降低的趋势，而丰花 3 号（FH3）在 Cd 浓度为 5 μmol/L 时，总根长和根表面积达到最高值，分别为 282.49 cm 和 56.25 cm²。白沙 1016 号（BS1016）、丰花 3 号（FH3）的根体积较小，青花 6 号（QH6）、日花 2 号（RH2）的根体积较大。白沙 1016 号（BS1016）、丰花 3 号（FH3）、日花 2 号（RH2）在不同浓度的 Cd 处理下，根的平均直径较小且变化较小，而青花 6 号（QH6）的根平均直径较大且变化较大。4 个花生品种的根尖数随 Cd 浓度的增加而减小，Cd 胁迫对白沙 1016 号（BS1016）和日花 2 号（RH2）的影响最为显著，在 Cd 浓度为 80 μmol/L 时，根尖数分别减少到 172.67 和 154。

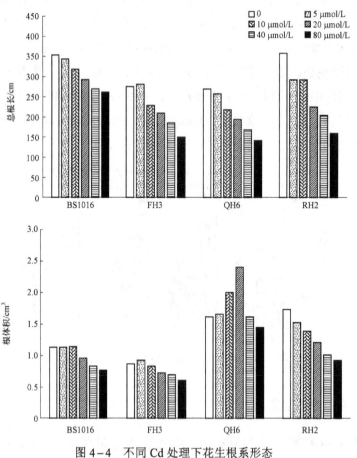

图 4-4　不同 Cd 处理下花生根系形态

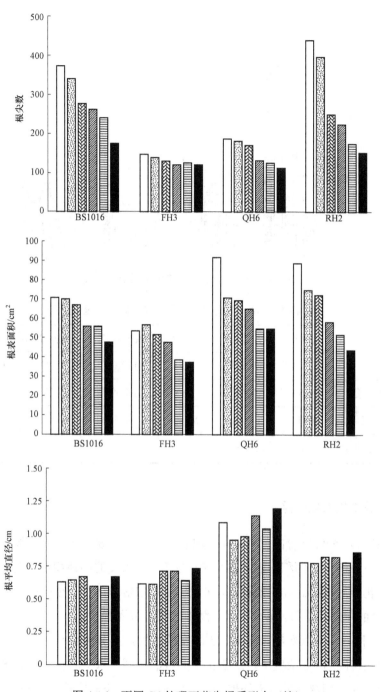

图 4-4　不同 Cd 处理下花生根系形态（续）

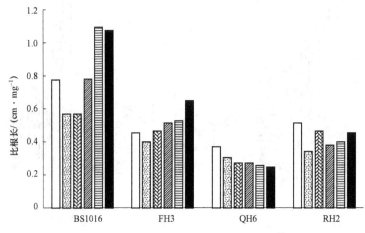

图 4-4　不同 Cd 处理下花生根系形态（续）

表 4-1　不同 Cd 处理下根系形态多因素方差分析

项目	总根长	根表面积	根体积	根平均直径	根尖数	比根长
品种	39.23***	21.56***	139.19***	137.00***	188.79***	101.59***
Cd 浓度	36.53***	20.15***	15.63***	4.59**	67.12***	11.30***
品种×Cd 浓度	0.98n.s.	1.27n.s.	5.26***	1.43n.s.	12.68***	7.02***
n.s.：＞0.05；**：$P<0.01$；***：$P<0.001$。						

4.2.4　花生根构型差异

由图 4-5 可以看出，不同 Cd 浓度下花生各级细根表面积差异显著，但二级与五级细根表面积均占主要部分。随着 Cd 浓度的不断增加，花生各分级表面积也相对减少。与对照相比，白沙 1016（BS1016）一级细根表面积随着 Cd 浓度的增加而下降，但各个 Cd 胁迫之间差异不显著。

由图 4-6 可以看出，随着 Cd 浓度的增加，各分级根长大体呈现降低的趋势。在相同的 Cd 浓度下，由于花生品种的不同，每个品种的分级根长差异性显著。在不同浓度的 Cd 处理下，一级和二级根长占比较大，同时，Cd 浓度的改变对各根长分级占比的影响较小。

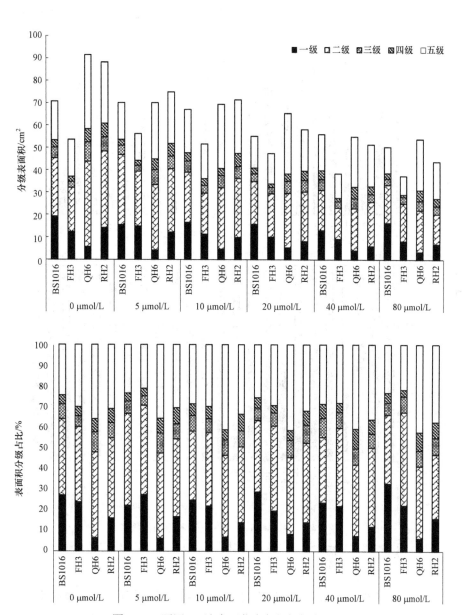

图 4-5　不同 Cd 浓度下花生各级细根表面积

注：一级：0<根径（mm）≤0.5；二级：0.5<根径（mm）≤1；三级：1<根径（mm）≤1.5；
　　四级：1.5<根径（mm）≤2；五级：根径（mm）>2

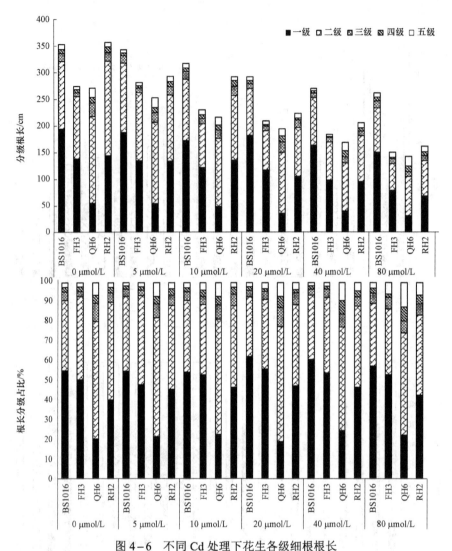

图 4-6　不同 Cd 处理下花生各级细根根长

注：一级：0＜根径（mm）≤0.5；二级：0.5＜根径（mm）≤1；三级：1＜根径（mm）≤1.5；

四级：1.5＜根径（mm）≤2；五级：根径（mm）＞2

由图 4-7 可以看出，随 Cd 浓度的增加，4 个花生品种的各级根尖数呈现减少趋势，在 0 μmol/L 的 Cd 处理下，白沙 1016（BS1016）的一级根尖数为 342.33；在 80 μmol/L 的 Cd 处理下，一级根尖数为 157。在 0 μmol/L 的 Cd 处理下，日花 2 号（RH2）的一级根尖数为 407.33；在 80 μmol/L 的 Cd 处理下，一级根尖数为 141，差异性明显。而丰花 3 号（FH3）和青花 6 号（QH6）的各分级根尖数变化不是很大。不同 Cd 处理下花生各级细根根尖数中，一级细根根尖数占主要部分。

Cd 浓度对 4 个品种的根尖分级占比的影响较小。

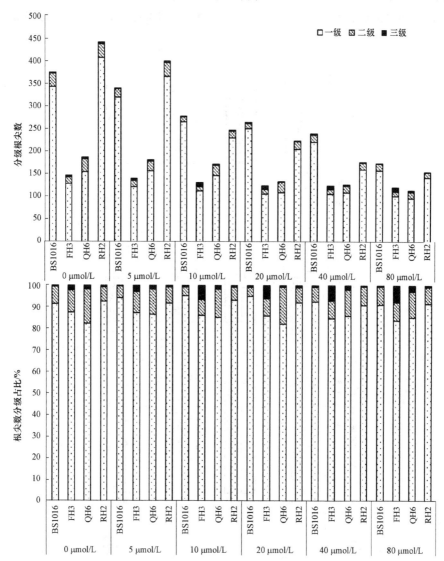

图 4-7 不同 Cd 处理下花生各级细根根尖数

注：一级：0＜根径（mm）≤0.5；二级：0.5＜根径（mm）≤1；三级：根径（mm）＞1

4.2.5 花生根系分泌物差异

由图 4-8 可以看出，加 Cd 处理对花生根系分泌草酸和苹果酸量的影响较大，但对酒石酸的分泌量影响较小。Cd 浓度为 10 μmol/L 时，白沙 1016（BS1016）

根系分泌的草酸和苹果酸分别从对照的 4.95 mg/L 和 251.81 mg/L 增加到了 10.56 mg/L 和 475.01 mg/L；丰花 3 号（FH3）根系分泌的草酸和苹果酸分别从

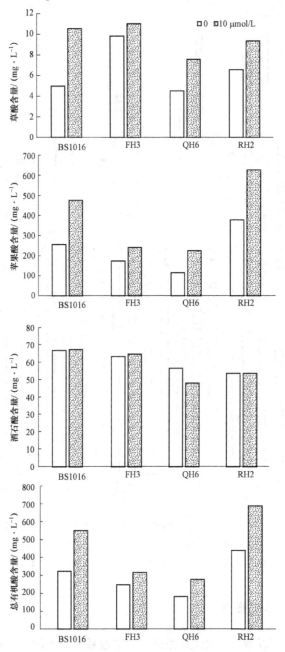

图 4-8　不同 Cd 处理下花生根系分泌有机酸含量

对照的 9.80 mg/L 和 173.45 mg/L 增加到 10.99 mg/L 和 240.11 mg/L；青花 6 号（QH6）根系分泌的草酸和苹果酸分别从对照的 4.48 mg/L 和 117.91 mg/L 增加到 7.55 mg/L 和 224.27 mg/L；日花 2 号（RH2）根系分泌的草酸和苹果酸分别从对照的 6.56 mg/L 和 173.45 mg/L 增加到 376.93 mg/L 和 626.54 mg/L。同时，适当增加 Cd 浓度可以增加总有机酸的含量。

由表 4-2 可以看出，品种间总有机酸含量、草酸含量、苹果酸含量、酒石酸含量呈极显著差异；Cd 处理与未处理差异极显著；品种与 Cd 处理交互效应明显。

表 4-2　不同 Cd 处理下根系有机酸含量多因素方差分析

项　目	总有机酸含量	草酸含量	苹果酸含量	酒石酸含量
品种	2 172.47***	358.95***	2 582.89***	147.13***
Cd 浓度	2 491.20***	1 105.49***	2 903.79***	8.56**
品种×Cd 浓度	196.30***	92.20***	219.11***	14.61***
：$P<0.01$；*：$P<0.001$。				

由图 4-9 可以看出，花生根系分泌的总有机酸中，苹果酸占的比例最高，酒石酸次之，草酸最低。随着 Cd 浓度的升高，苹果酸在总有机酸中的比例显著增加，日花 2 号（RH2）的苹果酸占总有机酸的比例显著高于其他 3 个花生品种；酒石酸在总有机酸中的比例显著降低，日花 2 号（RH2）的苹果酸占总有机酸的比例显著低于其他 3 个花生品种。

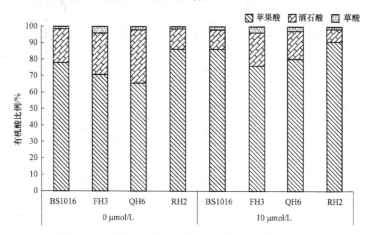

图 4-9　不同 Cd 处理下花生根系分泌有机酸比例

由表 4-3 可以看出，不同花生品种间草酸、苹果酸和酒石酸在总有机酸中的占比均呈极显著差异。Cd 处理条件下，苹果酸和酒石酸在总有机酸中的占比均与未处理差异极显著。品种与 Cd 处理交互效应明显。

表 4-3　不同 Cd 处理下根系有机酸占比多因素方差分析

项　目	草酸占比	苹果酸占比	酒石酸占比
品种	2 278.66***	638.87***	15 654.91***
Cd 浓度	0.59 n.s.	759.49***	23 733.62***
品种×Cd 浓度	78.87***	52.78***	1 842.89***
: $P<0.01$；*: $P<0.001$。			

由表 4-4 可以看出，草酸含量与转移系数极显著正相关，与根系 Cd 累积量显著负相关；苹果酸含量与茎叶和根系 Cd 含量显著正相关，与茎叶 Cd 累积量极显著正相关；酒石酸含量与转移系数极显著正相关；总有机酸含量与茎叶 Cd 含量及累积量极显著正相关，与根系 Cd 含量显著正相关；草酸在总有机酸中的比例与茎叶 Cd 含量及根系 Cd 累积量显著负相关，与根系 Cd 含量和茎叶 Cd 累积量极显著负相关；苹果酸在总有机酸中的比例与转移系数无显著相关，与茎叶 Cd 累积量极显著正相关，与茎叶和根系 Cd 含量及根系 Cd 累积量显著正相关；酒石酸在总有机酸中的比例与茎叶和根系 Cd 含量显著负相关，与茎叶 Cd 累积量极显著负相关。

表 4-4　不同 Cd 处理花生根系分泌有机酸和 Cd 积累之间的相关性分析

项　目	茎叶 Cd 含量	根系 Cd 含量	转移系数	茎叶累积量	根系累积量
草酸含量	0.344	−0.024	0.862**	0.038	−0.585*
苹果酸含量	0.689*	0.585*	0.407	0.963**	0.344
酒石酸含量	0.477	0.175	0.749**	−0.003	−0.387
总有机酸含量	0.712**	0.586*	0.456	0.959**	0.315
草酸占比	−0.695*	−0.732**	−0.105	−0.967**	−0.657*
苹果酸占比	0.665*	0.691*	0.142	0.967**	0.593*
酒石酸占比	−0.669*	−0.664*	−0.191	−0.982**	−0.560
** 在 0.01 水平（双侧）上显著相关。					
* 在 0.05 水平（双侧）上显著相关。					

4.3　讨　论

不同 Cd 浓度的处理对植株的生物量和根冠比影响较大。各花生品种的茎叶、根的 Cd 含量、Cd 累积量与 Cd 浓度呈现正相关。

在重金属 Cd 的胁迫下，花生根系形态会产生明显的差异性。大多数植物对低浓度的 Cd 敏感，Cd 会抑制根和茎的生长（Rodríguez–Serrano 等，2006）。抑制根的生长已被证明是 Cd 毒性最早和最明显的症状之一（Rodríguez–Serrano 等，2006；Lux 等，2011）。有研究表明，Cd 对多种物种的根系构型均能造成影响，Berkelaar（2000）研究表明，根系表面积较大和根尖数较多的小麦品种，其根系 Cd 含量较普通小麦品种的高。实验发现，根尖数、总根长、根表面积随 Cd 浓度的增加而减少，只有丰花 3 号在 Cd 浓度为 5 μmol/L 时对总根长、根尖数起到促进作用。根表面积可能是影响吸收效率的因素，它与根的大小有关，根表面积大的植物也有更多的细根，这些细根对水分和养分的吸收更为活跃（Wilcox 等，2004；Guerrero–Campo 等，2006）。表面积较大的品种在根系中具有更细的根，这有助于更有效地吸收 Cd（Keller 等，2003）。在花生的分级表面积中，二级和五级表面积占主要部分，Cd 浓度对各分级占比的影响无明显性差异。

在重金属等环境胁迫下，植物根系分泌的有机酸显著增加（Lopez 等，2000）。Cd 胁迫并不影响有机酸的组成，但影响分泌物。与对照相比，Cd 胁迫使白沙 1016 分泌的草酸和苹果酸的量显著增加。实验发现，加 Cd 处理对花生根系分泌有机酸的浓度产生明显影响：Cd 胁迫下花生根系苹果酸分泌量都显著增加，并且有机酸分泌量的变化存在明显的品种间差异，但有机酸种类未产生影响，这与林海涛等（2005）的研究结果相一致，这也进一步印证了 Cd 胁迫并不影响有机酸的组成，但影响分泌量。

4.4　本 章 小 结

水培条件下，白沙 1016、日花 2 号、青花 6 号、丰花 3 号 4 个不同基因型花生的根系形态和根系分泌物含量差异显著。Cd 显著降低了根的总长度、表面积和根尖的数量，增加了根的直径。根径为 0.5～1 mm 和大于 2 mm 的根表面积在总表面积中占比例最高，根径小于 1 mm 的根长在根长中占比例最高，根径小于 0.5 mm 的根尖数量在总根尖数中占比例最高；随着 Cd 浓度的增加，丰花 3 号和青花 6 号根径大于 0.5 mm 的根尖数比例显著增加。Cd 胁迫下，花生根系分泌的有机酸种类主要为草酸、苹果酸和酒石酸，随着 Cd 浓度的增加，草酸和苹果酸含量显著升高，茎叶和根的 Cd 含量及 Cd 累积量与苹果酸在总有机酸中占的比例呈显著正相关，与草酸和酒石酸的比例呈显著负相关。

第5章

不同基因型花生亚细胞分布及化学形态对镉胁迫的响应

除了少数超积累植物（hyperaccumulator）外，重金属 Cd 被植物吸收后，主要富集于根部，只有少部分经由各种途径运输到茎叶等地上部组织，这是植物抵抗重金属伤害的一种防御机制（Fu 等，2011；徐君等，2012）。细胞壁是植物体细胞的第一层保护机制，对细胞内部的各种细胞器起保护作用。当细胞壁的重金属积累达到饱和时，重金属进入细胞内部，进而对植物各类细胞器造成伤害，影响植物体正常生长（陈亚慧等，2014；周丽珍等，2015）。但迄今为止尚缺失研究报道在不同 Cd 耐受性和籽粒 Cd 积累特性的花生品种之间是否存在 Cd 在亚细胞中的分布特征和存在形态上的差异性，揭示这种差异性对于明确花生 Cd 耐性及籽粒 Cd 富集性的分子生物学机理具有重要意义。

本实验采用水培实验，研究了在不同 Cd 浓度处理下，表现出较强的 Cd 耐受性和籽粒 Cd 高积累性的花生品种白沙 1016 与具有较强 Cd 敏感性和籽粒 Cd 低积累特性的花生品种青花 6 号植株体内 Cd 的亚细胞分布及存在形态的差异性，以期揭示不同基因型花生籽粒 Cd 积累差异形成的内在机制。

5.1　材料与方法

5.1.1　供试材料

供试花生品种：白沙 1016，具有较强的 Cd 耐受性和籽粒 Cd 高积累特性；

青花 6 号，具有较强的 Cd 敏感性和籽粒 Cd 低积累特性。

5.1.2 实验方案

采用营养液加 Cd 水培实验。选取籽粒饱满、大小均匀的供试花生种子在日光下晒 1 d，用 1%次氯酸钠消毒 10 min 后再用蒸馏水冲洗干净。然后用硫酸钙饱和溶液于 30 ℃浸种 4 h，取出放在光照培养箱中于 30 ℃黑暗保湿催芽，待种子出芽 1 cm 后，选择芽头整齐的种子至不同 Cd 处理的 Hoagland（pH=6.0）全营养液的塑料容器中培养。设置 Cd 浓度为 5 μmol/L 和 20 μmol/L 两个处理，每个处理重复 3 次，Cd 源为 $CdCl_2$。塑料容器体积为 1 L（11.7 cm×10.7 cm×9 cm），装入 650 mL 的营养液，上置定植框，用脱脂棉将种子固定在定植框上，每个处理种 3 棵花生。将花生放进人工气候箱（RDN-1000D-3）中进行培养，培养条件为：白天光照 14 h，光强 10 000 lx，温度（35±1）℃，晚上 10 h，温度（25±1）℃，湿度 65%。全营养液每 5 d 换一次，处理 14 d 后收获植株并测定相关指标。将收获的花生植株用去离子水洗净，根部在 20 mol/L Na_2-EDTA 溶液中浸泡 15 min 以去除表面的 Cd，再用去离子水冲洗干净后，用滤纸吸干表面水分，将花生茎叶和根分开后置于 -80 ℃冰箱内冷冻备用。

5.1.3 测定指标和方法

5.1.3.1 亚细胞中 Cd 含量的测定

运用差速离心分离技术（Wang 等，2008）研究 Cd 在花生根和茎叶各亚细胞中的分布。称取花生茎叶和根系鲜样各 0.5 g 左右，在液氮环境下充分研磨，然后向其中加入 5 mL 预冷的缓冲液（pH 7.5 Tris-HCl 缓冲液 50 mmol/L、蔗糖 0.25 mol/L、DTT 1.0 mmol/L、抗坏血酸 5.0 mmol/L、PVPP 1.0 mmol/L、料液比 1:10），将加入缓冲液后的匀浆液转移至离心管，振荡 1 h，于 4 ℃下 4 000 r/min 离心 10 min，沉淀的部分为细胞壁（F1）。倒出上清液转入离心管，在沉淀离心管中再加入 5 mL 缓冲液于 4 ℃下 4 000 r/min 离心 10 min，倒出上清液与上一管上清液混合，于 4 ℃下 16 000 r/min 离心 20 min，沉淀为细胞器组分，不含液泡（F2），上清液为可溶组分，含胞质及液泡内高分子和大分子有机物质及无机离子（F3）。

将得到的地上部和根系的细胞壁及细胞器沉淀部分放置于 70 ℃ 烘箱中烘干至恒重，然后用混合酸（$HNO_3/HClO_4$=4:1，体积比）消解，用原子吸收分光光度计（岛津 A7000）测定可溶部分和消解样品中的 Cd 含量。

5.1.3.2　Cd 的化学形态分布

采用化学试剂逐步提取法（Wang 等，2008）。分别称取花生茎叶和根系鲜样 0.5 g 左右，在液氮环境下充分研磨，将样品与提取剂以 1:10 的比例浸提，于 30 ℃ 恒温箱内放置过夜（17～18 h），次日回收提取液，再在放置样品的烧杯中加入同体积的同样提取剂，浸取 2 h 后再回收提取液。以后重复 2 次，集 4 次提取液于烧杯中。蒸发近干后，用混合酸（$HNO_3/HClO_4$=4:1，体积比）消解。采用下列 5 种提取剂依次进行浸提：80% 乙醇（F_E）、去离子水（F_W）、1 mol/L 氯化钠（F_{NaCl}）、2% 醋酸（F_{HAc}）、0.6 mol/L 盐酸（F_{HCl}）。用原子吸收分光光度计测定消解样品中的 Cd 含量。

5.1.3.3　植株生物量和 Cd 含量

测定方法同第 3 章 3.1.3.1 节。

5.1.4　数据分析

采用 SPSS 19.0 对数据进行双因素方差分析，并用 Duncan 进行显著性差异检验；采用 Excel 2013 和 Origin 9.5 进行绘图。

5.2　结果与分析

5.2.1　花生生物量差异

由表 5-1 可以看出，营养液两种浓度的 Cd 处理对花生茎叶和根系不同器官的生物量积累存在影响，随着营养液中 Cd 浓度的增大，两个品种花生不同器官的生物量积累逐渐减少。两个品种花生器官在 Cd 浓度为 5 μmol/L 时的生物量要高于 Cd 浓度为 20 μmol/L 时的生物量。营养液 Cd 浓度一定时，同种器官不同花生品种生物量大小为青花 6 号＞白沙 1016，而同种花生不同器官生物量大小为茎鲜重＞叶鲜重＞根鲜重。通过方差分析可知，白沙 1016 与青花

6 号在 Cd 浓度为 5 μmol/L 时与 Cd 浓度为 20 μmol/L 时有极显著差异。白沙 1016 与青花 6 号的茎鲜重和叶鲜重有显著性差异，根鲜重有极显著性差异。

表 5-1　不同 Cd 处理下花生生物量

花生品种	Cd 浓度/ （μmol · L^{-1}）	茎鲜重/g	叶鲜重/g	根鲜重/g
白沙 1016	5	4.78±0.15a	4.41±0.13a	1.77±0.03a
	20	3.86±0.07b	3.57±0.07b	1.07±0.06b
青花 6 号	5	6.33±0.03a	5.85±0.03a	2.69±0.03a
	20	5.75±0.03b	5.30±0.03b	2.28±0.05b
方差分析 （F 值）	品种	421.26***	461.56***	602.85***
	镉	80.05***	86.15***	163.13***
	品种×镉	3.70*	2.78*	11.41**

*：$P<0.05$；**：$P<0.01$；***：$P<0.001$。对于同一花生品种，同一列的不同字母表示差异显著（$P<0.05$）。

5.2.2　花生 Cd 含量差异

由表 5-2 可以看出，不同 Cd 浓度的营养液对花生不同器官的 Cd 含量存在影响，随着营养液 Cd 浓度的增大，两个品种花生器官中的 Cd 含量逐渐增大。白沙 1016 在 Cd 浓度为 5 μmol/L 与 Cd 浓度为 20 μmol/L 时，根部 Cd 含量最高；在 Cd 浓度为 5 μmol/L 时，叶鲜 Cd 含量最低；在 Cd 浓度为 20 μmol/L 时，茎鲜 Cd 含量最低。青花 6 号在 Cd 浓度为 5 μmol/L 与 Cd 浓度为 20 μmol/L 时，根部 Cd 含量最高；叶鲜 Cd 含量最低。数据的方差分析结果表明，白沙 1016 与青花 6 号在 Cd 浓度为 5 μmol/L 时与 Cd 浓度为 20 μmol/L 时叶鲜 Cd 含量与根鲜 Cd 含量有极显著性差异，茎鲜 Cd 含量无显著性差异。在叶片和根（$P<0.001$）中，不同 Cd 处理对花生 Cd 含量影响显著。然而，在花生茎中 Cd 的含量未受品种与 Cd 浓度的显著影响（$P>0.05$）。

表 5-2　不同 Cd 处理下花生 Cd 含量

花生品种	Cd 浓度/ （μmol·L⁻¹）	茎鲜 Cd 含量/ [mg·（kg FW）⁻¹]	叶鲜 Cd 含量/ [mg·（kg FW）⁻¹]	根鲜 Cd 含量/ [mg·（kg FW）⁻¹]
白沙 1016	5	3.82±0.11b	3.46±0.1b	23.11±1.11b
	20	5.12±0.16a	7.65±0.23a	60.06±1.75a
青花 6 号	5	2.41±0.05b	1.93±0.04b	18.87±0.38b
	20	3.39±0.07a	3.19±0.07a	45.37±0.55a
方差分析 （F 值）	品种	218.51***	500.55***	75.33***
	Cd	116.49***	415.50***	846.80***
	品种×Cd	2.35n.s.	119.39***	22.99**

n.s.：$P>0.05$；*：$P<0.05$；**：$P<0.01$；***：$P<0.001$。

5.2.3　花生 Cd 的亚细胞分布

由图 5-1 可以看出，在营养液 Cd 处理浓度为 5 μmol/L 和 20 μmol/L 时，花生茎叶细胞中的 Cd 主要积累在细胞壁上。在同一 Cd 浓度处理下，茎叶细胞壁、细胞器和可溶性组分 Cd 累积量均是白沙 1016＞青花 6 号。白沙 1016 茎细胞中可溶性 Cd 组分在 5 μmol/L 处理下的累积量高于在 20 μmol/L 处理。在 Cd 浓度为 5 μmol/L 和 20 μmol/L 处理时，花生根细胞中的 Cd 主要是可溶性组分。Cd 处理浓度为 5 μmol/L 时，根细胞壁和可溶性组分 Cd 累积量均是白沙 1016＞青花 6 号，细胞器组分 Cd 累积量为青花 6 号＞白沙 1016；Cd 处理浓度为 20 μmol/L 时，根细胞壁、细胞器和可溶性组分 Cd 累积量均是白沙 1016＞青花 6 号，营养液 Cd 越高，白沙 1016 与青花 6 号根亚细胞各组分的 Cd 累积量越大，但青花 6 号各器官亚细胞组分中 Cd 累积量相比于白沙 1016 要低。

通过差异显著性分析可知（表 5-3），Cd 处理浓度为 5 μmol/L 时，青花 6 号与白沙 1016 根细胞中可溶性组分 Cd 和细胞器 Cd 含量均有显著性差异，而细胞壁 Cd 含量无显著性差异；Cd 处理浓度为 20 μmol/L 时，根系各亚细胞中 Cd 含量品种间差异不显著。两个加 Cd 处理培养花生茎亚细胞可溶性组分 Cd 含量，品种间差异不显著。在 Cd 处理浓度为 5 μmol/L 时，两个品种叶亚细胞可溶性组分 Cd 含量无显著性差异；在 Cd 处理浓度为 20 μmol/L 时，两个

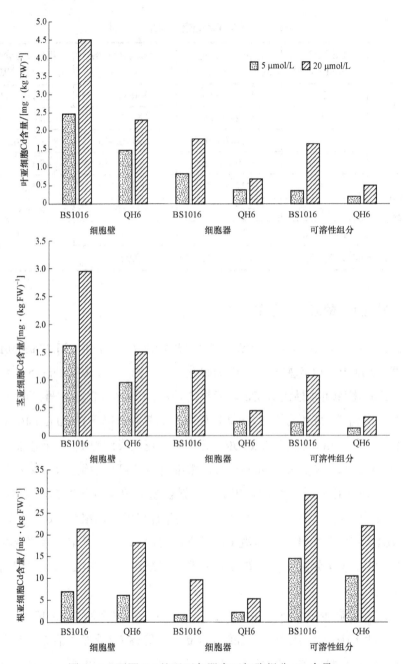

图 5-1　不同 Cd 处理下各器官亚细胞组分 Cd 含量

品种叶亚细胞可溶性组分 Cd、细胞壁 Cd 含量存在显著性差异。在两种 Cd 浓度处理下，花生根亚细胞细胞器的 Cd 含量存在显著的品种间差异。白沙 1016

茎组织的细胞器组分 Cd 含量受 Cd 处理浓度的影响不显著，细胞壁组分和可溶性组分 Cd 含量受 Cd 处理浓度的影响显著。Cd 处理浓度对花生茎部亚细胞可溶性组分 Cd 含量无显著性差异，不同花生品种与不同 Cd 浓度对花生茎部亚细胞细胞器 Cd 含量差异显著，不同花生品种与不同 Cd 浓度对花生根部亚细胞可溶性组分 Cd 含量无显著性差异。

表 5-3　不同 Cd 处理下 Cd 亚细胞分布多因素方差分析

部位	项目	细胞壁 Cd 含量	细胞器 Cd 含量	可溶组分 Cd 含量	细胞壁 Cd 占比	细胞器 Cd 占比	可溶组分 Cd 占比
叶	品种	463.42***	498.53***	323.05***	145.83***	39.12***	94.62***
	Cd 浓度	377.18***	335.62***	472.76***	114.50***	0.52n.s.	675.80***
	品种×Cd 浓度	67.44***	95.60***	185.14***	27.42**	3.09n.s.	87.97***
茎	品种	177.72***	204.18***	124.57***	13.04**	39.12***	0.11n.s.
	Cd 浓度	190.31***	72.04***	1.25n.s.	48.84***	0.52n.s.	271.60***
	品种×Cd 浓度	8.23*	0.68n.s.	5.36*	4.98n.s.	3.09n.s.	7.89*
根	品种	47.45***	63.79***	63.79***	35.79***	0.79n.s.	21.27**
	Cd 浓度	1 870.82***	355.29***	355.29***	177.78***	52.57***	197.07***
	品种×Cd 浓度	13.56**	5.24n.s.	5.24n.s.	8.12*	81.91***	20.87**

n.s.：$P > 0.05$；*：$P < 0.05$；**：$P < 0.01$；***：$P < 0.001$。

由图 5-2 可以看出，当 Cd 处理浓度为 5 μmol/L 时，两个品种花生茎和叶组织中 Cd 含量分配比例依次为细胞壁组分＞细胞器组分＞可溶性组分，细胞壁组分所占比例最大，为 56%～76%，可溶性组分所占比例最小，为 10%～22%。两个品种比较，白沙 1016 与青花 6 号细胞壁组分 Cd 所占比例基本持平，白沙 1016 细胞壁组分中的 Cd 含量分配比例小于青花 6 号，但其细胞器与可溶性组分中的 Cd 分配比例较大。当 Cd 浓度为 5 μmol/L 时，两个品种花生地下部亚细胞各组分中 Cd 含量分配比例依次为可溶性组分＞细胞壁＞细胞器，可溶性组分所占分配比例最大，为 48%～63%，细胞器所占比例最小，为 6%～16%。两个品种花生相比较而言，青花 6 号细胞壁组分所占比例要高于白沙 1016，白沙 1016 可溶性组分中的 Cd 含量分配比例高于青花 6 号；当 Cd

浓度为 5 μmol/L 时，白沙 1016 细胞器组分所占比例要低于青花 6 号；当 Cd 浓度为 20 μmol/L 时，白沙 1016 细胞器组分所占比例要高于青花 6 号。

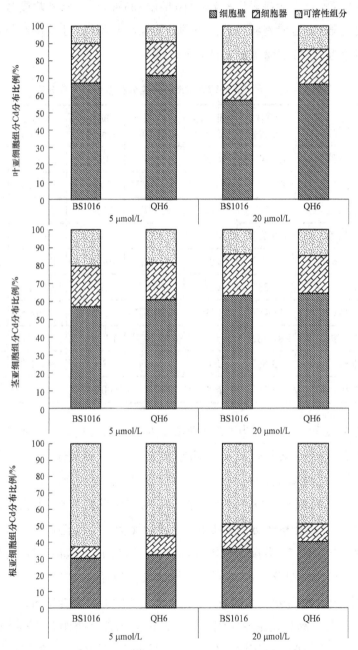

图 5-2　不同 Cd 处理下各器官亚细胞组分 Cd 分布比例

5.2.4　花生 Cd 的化学形态

由图 5-3 和表 5-4 可以看出，青花 6 号叶、茎和根系中各种结合形态的

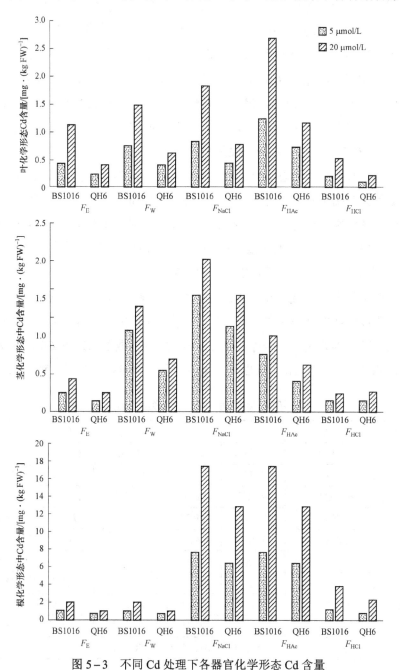

图 5-3　不同 Cd 处理下各器官化学形态 Cd 含量

Cd 含量在所有 Cd 处理下均显著低于白沙 1016。两个花生品种的叶中各种结合形态 Cd 的含量依次为 $F_{HAc}>F_{NaCl}>F_W>F_E>F_{HCl}$。当 Cd 处理浓度为 5 μmol/L 时，两个花生品种叶、茎和根系中各种结合形态的 Cd 含量均显著低于 Cd 浓度 20 μmol/L 处理。白沙 1016 茎中各种结合形态 Cd 的含量依次为 $F_{NaCl}>F_W>F_{HAc}>F_E>F_{HCl}$；当 Cd 处理浓度为 5 μmol/L 时，青花 6 号茎中各种结合形态 Cd 的含量依次为 $F_{NaCl}>F_W>F_{HAc}>F_E\approx F_{HCl}$；当 Cd 处理浓度为 20 μmol/L 时，青花 6 号茎中各种结合形态 Cd 的含量依次为 $F_{HAc}>F_{NaCl}>F_W>F_{HCl}>F_E$。两个花生品种的根系中各种结合形态 Cd 的含量依次为 $F_{NaCl}\approx F_{HAc}>F_{HCl}>F_E\approx F_W$。白沙 1016 和青花 6 号叶与根系中以 F_{NaCl} 和 F_{HAc} 形态的 Cd 为主，其含量均显著高于其他结合形态 Cd 含量；茎中以 F_{NaCl}、F_W 和 F_{HAc} 形态的 Cd 为主，其含量均显著高于其他结合形态 Cd 含量。品种和 Cd 浓度的交互效应极显著影响叶中各种结合形态 Cd 的含量（$P<0.01$）；品种和 Cd 浓度的交互效应仅显著影响茎中 F_W 形态 Cd 的含量（$P<0.05$）；品种和 Cd 浓度的交互效应仅对根中 F_E 形态 Cd 的含量无显著影响（$P>0.05$）。

这些结果表明，白沙 1016 和青花 6 号茎与根系可能主要是通过将 Cd 与蛋白质或果胶酸盐结合来解毒，同时，根系将 Cd 转化为难溶于水的磷酸盐可能是其另一种解毒方式；叶片对 Cd 的解毒方式则主要是通过将 Cd 转化为难溶于水的磷酸盐，而将 Cd 与蛋白质或果胶酸盐结合可能是其另一种解毒方式。

表 5-4　不同 Cd 处理下 Cd 化学形态多因素方差分析

器官	项目	F_E	F_W	F_{NaCl}	F_{HAc}	F_{HCl}
叶	品种	144.58***	545.23***	430.32***	231.83***	77.71***
	Cd 浓度	130.45***	346.53***	365.09***	197.31***	88.52***
	品种×Cd 浓度	49.71***	100.01***	89.26***	59.76***	16.89**
茎	品种	48.16***	489.70***	54.44***	177.44***	0.68n.s.
	Cd 浓度	45.02***	69.79***	52.61***	66.49***	46.86***
	品种×Cd 浓度	3.59n.s.	9.52*	0.33n.s.	0.38n.s.	0.98n.s.
根	品种	37.53***	32.45***	52.25***	52.25***	72.39***
	Cd 浓度	102.71***	31.62***	414.54***	414.54***	390.58***
	品种×Cd 浓度	3.69n.s.	9.25*	16.94**	16.94**	36.70***

n.s.：$P>0.05$；*：$P<0.05$；**：$P<0.01$；***：$P<0.001$。

Cd 在根、茎、叶中的各种化学形式的分布比例及差异显著性分析如图 5-4 和表 5-5 所示。在花生地上部叶中，由 1 mol/L 的氯化钠（F_{NaCl}）和 2%醋酸

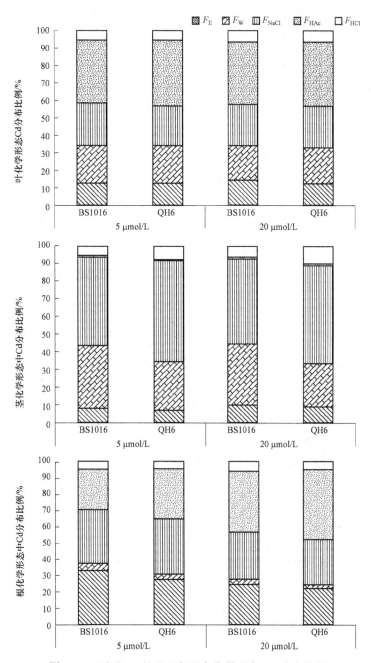

图 5-4　不同 Cd 处理下各器官化学形态 Cd 分布比例

（F_{HAc}）提取的 Cd 含量占主导地位，其他 3 种提取剂中任何一种提取的 Cd 比例都在 20% 左右，甚至更低。在茎和根系中，白沙 1016 中难溶于水的重金属磷酸盐包括二代磷酸盐、正磷盐等形式的 Cd 浓度显著升高（$P<0.05$ 或 $P<0.01$），其他几种形式的 Cd 浓度显著降低。在茎和根系中，白沙 1016 中难溶于水的重金属磷酸盐包括二代磷酸盐、正磷盐等形式的 Cd 浓度显著升高（$P<0.05$ 或 $P<0.01$），其他几种形式的 Cd 浓度显著降低。

随着 Cd 浓度的增加，80% 乙醇（F_E）和 1 mol/L 的氯化钠（F_{NaCl}）可提取 Cd 的百分比都在两个品种的根中降低，但在茎和叶中都有所升高，但青花 6 号的茎用 80% 乙醇（F_E）提取的 Cd 的百分比有所降低。1 mol/L 的氯化钠（F_{NaCl}）提取的 Cd 的百分比在根中减少，但随着 Cd 暴露的增加，茎和叶中的含量增加。在比较这两个品种时，青花 6 号中提取的 Cd 的百分比始终较高，但用 80% 乙醇（F_E）和去离子水（F_W）提取的 Cd 的比例较低。在根中，去离子水（F_W）提取 Cd 的百分比明显降低；在茎中，2% 醋酸（F_{HAc}）提取 Cd 的百分比明显降低。另外，在叶中，这两个品种间 Cd 的其他化学形式的百分比是相似的。

表 5-5　不同 Cd 处理下 Cd 化学形态比例多因素方差分析

器官	项目	F_E 占比	F_W 占比	F_{NaCl} 占比	F_{HAc} 占比	F_{HCl} 占比
叶	品种	1.69n.s.	0.07n.s.	0.16n.s.	4.63n.s.	0.55n.s.
	Cd 浓度	2.71n.s.	11.26**	0.51n.s.	2.09n.s.	14.19**
	品种×Cd 浓度	1.48n.s.	0.46n.s.	1.56n.s.	0.75n.s.	2.57n.s.
茎	品种	3.28n.s.	67.64***	55.74***	12.19**	84.74***
	Cd 浓度	11.80**	4.94n.s.	2.98n.s.	0.51n.s.	14.19**
	品种×Cd 浓度	0.49n.s.	0.76n.s.	0.17n.s.	1.56n.s.	2.57n.s.
根	品种	19.42***	17.37**	0.02n.s.	30.05***	7.21*
	Cd 浓度	52.33***	25.47***	31.10***	119.27***	14.19**
	品种×Cd 浓度	2.99n.s.	1.18n.s.	0.76n.s.	0.02n.s.	2.57n.s.

n.s.：$P>0.05$；*：$P<0.05$；**：$P<0.01$；***：$P<0.001$。

5.3　讨　论

白沙 1016 和青花 6 号茎和叶中的 Cd 都主要分布于细胞壁中，而在根中，

Cd 主要分布于可溶性组分中。细胞壁结合 Cd 占总 Cd 的比例由高到低依次为叶＞茎＞根，即花生从根至茎至叶，Cd 的移动性逐步降低。Ma 等（2004）分离超积累植物天蓝遏蓝菜叶肉细胞的原生质和液泡发现，叶肉细胞中 91% 的 Cd 分布于液泡，但 Nishizona 等（1986）研究发现，禾秆蹄盖蕨细胞中 70%～90% 的 Cd 位于细胞壁，认为 Cd 在细胞壁中的沉积是其关键的耐 Cd 机制，这可能与植物的种间差异有关。

　　Cd 积累的基因型差异可能与 Cd 的亚细胞分布及化学形式有关（Qiu 等，2011；Yu 等，2012；Xin 等，2013 b）。本研究发现，白沙 1016 的根 Cd 浓度高于青花 6 号（图 5-1）。Cd 在根、茎、叶之间差异分布（图 5-2），青花 6 号茎叶中 Cd 累积量较低。相比之下，在根与茎之间的 Cd 分布（Jalil 等，1994）中观察到的两种花生品种之间没有差异。在本研究中，与青花 6 号相比，白沙 1016 的转移系数较低，表明 Cd 保留在根中，可能是通过某些机制遏制了 Cd 从根到叶的长距离运输。因此，可以假设花生细胞中的 Cd 隔离可能是导致这两个品种间 Cd 吸收、运输和分布差异的原因。为了验证这一假说，在本研究中，对白沙 1016 与青花 6 号的幼苗 Cd 的亚细胞分布进行了研究，观察到在白沙 1016 根系中，可溶性组分中 Cd 的浓度高于青花 6 号的，在其根的细胞壁中，青花 6 号可以保留更多的 Cd，这可能是青花 6 号 Cd 的运输效率比白沙 1016 低的原因之一（Xin 等，2013a）。此外，在所有亚细胞组分中，Cd 浓度随 Cd 水平的增加而不断增加，其中根可溶性组分中 Cd 累积量最高。同样，在大麦中，Cd 主要是在茎和根的可溶性部分中积累（Wu 等，2005）。然而，在生菜中，大多数的 Cd 存在于细胞壁上（León 等，2002）。Qiu 等（2011）发现，低 Cd 品种中，Cd 绝大部分位于细胞壁上；但在高 Cd 品种中，细胞壁的 Cd 浓度与可溶性部分 Cd 浓度相近。这些差异可能归因于不同的实验条件，包括 Cd 的暴露水平和生长介质，以及不同植物品种和品种的 Cd 吸收与转运的变化水平。

　　细胞壁主要由聚糖和蛋白质组成，在其表面提供负电荷的位点，结合 Cd 离子，并限制其在细胞膜上的运输，是保护原生质体免受 Cd 毒性的第一道屏障（Fu 等，2011）。当重金属离子在细胞壁上的结合达到饱和时，大部分进入细胞的重金属被转运至液泡中，与液泡中的有机酸络合，实现区隔化。细胞体积的 90% 为含有硫丰富的肽和有机酸（Pittman，2005；Weigel 和 Jager，1980）。

在花生根部，大多数 Cd 储存在可溶性部分中，虽然在白沙 1016 的根系可溶性组分中 Cd 的浓度总是高于青花 6 号，但在两个品种间，Cd 的浓度没有显著差异。因此，白沙 1016 可能比青花 6 号具有更大的能力，可以将 Cd 从细胞的组分（如细胞壁和液泡）中分离出来，以避免在细胞溶胶中积累 Cd。更重要的是，白沙 1016 的茎和叶可溶性部分的 Cd 浓度基本等同于青花 6 号，这表明白沙 1016 对 Cd 的运输效率比青花 6 号的高（Xin 等，2013a）。同样，Yu 等（2012）报道，水稻叶片可溶性部分的高 Cd 浓度促进了 Cd 从根至茎到叶片的转移。因此，在花生中较高的 Cd 浓度可能被归因于其培养液中较高的 Cd 浓度。然而，在植物细胞的细胞质中，自由 Cd 离子浓度的增加对植物生长是有害的。其原因可能是细胞器中大量的镉对细胞器造成了毒性损伤（Wu 等，2003），特别是叶绿体、线粒体和细胞核，并阻断了细胞中的许多生理生化过程。同时，这两个品种对 Cd 胁迫的生物量反应也有相似的 Cd 耐受性。然而，更多的生理生化指标，包括净光合作用、水分利用效率、抗氧化酶活性，以及植物络合物（PCs）的合成（Jemal 等，1998；Leon 等，2002），需要对这一观点进行检验。

　　Cd 在植物中的生物活性意味着 Cd 与生物结构和组织相互作用的反应性或能力，与它的化学形态有关，可以用不同的提取剂来确定（Wu 等，2005）。80%乙醇（F_E）提取的水溶性的无机 Cd 和去离子水（F_W）提取的有机酸 Cd 的迁移能力最强，因此对植物的毒性最大。1 mol/L 的氯化钠（F_{NaCl}）浸提的 Cd 主要是与蛋白质和果胶酸形成结合态的 Cd，其移动性小于 80%乙醇（F_E）提取态 Cd 和去离子水（F_W）提取态 Cd，因此比水溶性的有机或无机 Cd 毒性低（Wang 等，2007）。2%醋酸（F_{HAc}）和 0.6 mol/L 盐酸（F_{HCl}）浸提的难溶性的 Cd–磷酸结合物因为难以迁移，对植物的毒性更低（Zhang 等，2013）。虽然白沙 1016 根系中水溶性 Cd 的浓度高于青花 6 号，但白沙 1016 茎叶中 Cd 浓度与青花 6 号的差不多，这表明白沙 1016 可以产生更多的木质部运输蛋白，以增加 Cd 的木质部负荷。同样，Uraguchi 等（2009）也报道了 Cd 的表达水平的差异，导致了低和高 Cd 水稻品种间的差异 Cd 积累。此外，由 1 mol/L 的氯化钠（F_{NaCl}）、2%醋酸（F_{HAc}）和 0.6 mol/L 盐酸（F_{HCl}）提取的 Cd 的比例约占总 Cd 的一半，这表明 Cd 被转化为非或低毒性的复合物，以保护细胞。

5.4　本 章 小 结

低、高 Cd 的花生品种间存在亚细胞分布和化学形态的显著差异。在两个品种的所有器官中，根系中 Cd 大部分（50%～60%）位于可溶性组分中，茎和叶中 Cd 大部分（50%～70%）位于细胞壁上。与高 Cd 品种（白沙 1016）相比，低 Cd 品种（青花 6 号）在茎叶和叶中都有较低的水溶性 Cd 浓度，这降低了 Cd 从茎和叶中通过木质部和韧皮部向籽粒的运输。两品种间转移效率的差异可能是籽粒 Cd 积累中产生基因型变异的主要原因。

第6章

不同类型土壤上不同基因型花生对镉胁迫的响应

由于花生籽粒对 Cd 的高积累特性，从食品安全角度评价，花生是一种 Cd 污染敏感型作物。但是，从生物学/生理学毒害反应角度评价，花生又是一种对 Cd 暴露有很强耐受性的作物（Shi 等，2010；Su 等，2012；刘宇等，2012）。花生对 Cd 的吸收效率、Cd 在花生植体内的迁移与再分配及 Cd 在花生籽粒中的积累（含量）都存在显著的品种间遗传差异（单世华等，2009；郑海等，2011；王珊珊等，2012；Su 等，2012；Wang 等，2016）。但是，这种基因型差异的表达受生长环境特别是土壤环境的影响，如土壤 pH、有机质（Zeng 等，2011）、氧化还原状况（Beesley 等，2010）、黏土矿物类型（Shahriai 等，2010）、铁营养水平（Acosta 等，2011）等，这些土壤因子的差异性组合构成了不同性质的土壤类型或土壤整体的环境特质。基因型差异与环境特质差异的相互作用往往会导致某些具有稳定基因型的作物品种在不同的环境条件下发生基因性状在表达上的巨大变化。根据现有报道，"基因×环境"的交互作用对水稻（Norton 等，2009；Zeng 等，2008）和白菜（Liu 等，2010）Cd 吸收特性的影响显著，而大麦对 Cd 的吸收特性主要受基因效应的控制，"基因×环境"的交互效应相对较小（Chen 等，2007）。对于花生而言，由于缺乏基因型与土壤环境的多因子复合设计研究，有关基因遗传因素、土壤环境因素及基因与环境交互作用因素对花生 Cd 吸收和植株（籽粒）Cd 积累过程的影响力仍不能做出明确判断。

利用盆栽实验，以籽粒 Cd 高积累花生品种白沙 1016 和籽粒 Cd 低积累花生品种青花 6 号为材料，研究了两种类型土壤环境下（环境因素）对花生 Cd 吸收分配和籽粒 Cd 积累性状的影响。

6.1　材料与方法

6.1.1　供试材料

6.1.1.1　供试土壤

供试土壤为砂姜黑土和潮土，均为山东省主要的花生种植土壤类型，其基本理化性质见表 6-1。

表 6-1　供试土壤基本理化性质

土壤类型	土壤 pH	有机质/ (g·kg^{-1})	黏粒含量/ (g·kg^{-1})	碱解氮/ (mg·kg^{-1})	有效磷/ (mg·kg^{-1})	速效钾/ (mg·kg^{-1})	全镉/ (mg·kg^{-1})
砂姜黑土	7.1	17.9	118.3	51.6	13.7	79.4	0.03
潮土	6.5	12.7	86.1	29.0	6.2	61.0	0.02

6.1.1.2　供试花生品种

同第 3 章 3.1.1.2 节，白沙 1016 为籽粒 Cd 高积累型花生品种，青花 6 号为籽粒 Cd 低积累型花生品种。

6.1.2　实验方案

实验采用盆栽加 Cd 培养。在花生播种前 3 个月，分 3 次向土壤中施加 CdSO$_4$·8/3H$_2$O 溶液，制成含 Cd 为 0.5 mg/kg、1 mg/kg 和 3 mg/kg 的模拟污染土壤，以不加 Cd 的原始土壤为对照。将风干后的土壤装入实验陶钵（30 cm× 28 cm×30 cm）中，每钵装 21 kg 土。在花生播种前 2 d，施用尿素、磷酸二氢钾和硫酸钾作基肥，分别按每千克土 0.133 g、0.047 g 和 0.140 g，以溶液形式施入土壤中。

花生于 2013 年 5 月 8 日播种。播种前将籽粒饱满、大小均匀的花生种子在日光下晒 1 d，然后用硫酸钙饱和溶液于 30 ℃浸种 4 h，放在光照培养箱中于 30 ℃在黑暗中保湿催芽，待种子露白后，选择芽头整齐的种子播种。每钵播种 6 粒，待幼苗展开 2 片叶子后留下长势一致的 2 株，每个处理重复 4 次。于 2013 年 9 月 12 日收获花生。

6.1.3 测定指标和方法

6.1.3.1 花生生物量与籽粒产量

收获花生植株后，先用自来水再用去离子水冲洗干净。将植株分为茎叶、根系（含果针）和荚果三部分，茎叶和根系于 105 ℃杀青 30 min 后，于 80 ℃烘干至恒重，称重并记录干重。荚果先晒干，再于 70 ℃烘干至恒重，记录果荚和籽粒的干重。

6.1.3.2 植株和籽粒 Cd 含量

植株 Cd 含量测定同第 3 章 3.1.3.7 节；籽粒 Cd 含量测定同第 2 章 2.1.3 节。

6.1.4 数据分析

采用 SPSS 19.0 对数据进行多因素方差分析，并用 Duncan 进行显著性差异检验；采用 Excel 2013 和 Origin 9.5 进行绘图。

6.2 结果与分析

6.2.1 不同类型土壤上花生生物量差异

由图 6-1 可知，在不同类型土壤条件下，随土壤 Cd 处理浓度的增加，白沙 1016 和青花 6 号根、茎叶、果荚和籽粒的生物量变化趋势相似，均表现出"低促高抑"的现象。土壤 Cd 处理浓度为 0.5 mg/kg 时，两个花生品种的茎叶、根、果荚及籽粒的生物量均达到最大值。其中，潮土环境下，白沙 1016 花生茎叶生物量为 30.85 g/盆，根生物量为 5.76 g/盆，果荚生物量为 4.43 g/盆，籽粒生物量为 19.92 g/盆，分别比对照提高了 28%（$P>0.05$）、34%（$P<0.001$）、40%（$P>0.05$）和 38%（$P<0.05$）；青花 6 号花生茎叶生物量为 41.45 g/盆，根生物量为 8.74 g/盆，果荚生物量为 7.71 g/盆，籽粒生物量为 31.80 g/盆，分别比对照提高了 20.6%（$P>0.05$）、23.7%（$P<0.001$）、26.1%（$P>0.05$）和 35.0%（$P<0.05$）。砂姜黑土环境下，白沙 1016 花生茎叶生物量为 34.57 g/盆，根生物量为 7.08 g/盆，果荚生物量为 6.72 g/盆，籽粒生物量为 30.06 g/盆，分别比对照提高了 34%（$P>0.05$）、43%（$P<0.001$）、50%（$P>0.05$）和 49%

（$P<0.05$）；青花 6 号花生茎叶生物量为 43.36 g/盆，根生物量为 9.83 g/盆，果

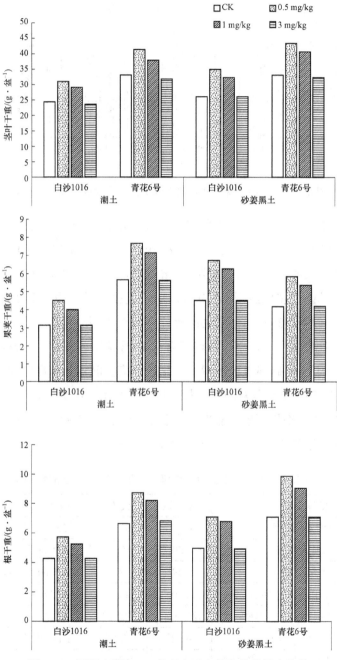

图 6-1　不同土壤和 Cd 处理中两个花生品种的生物量

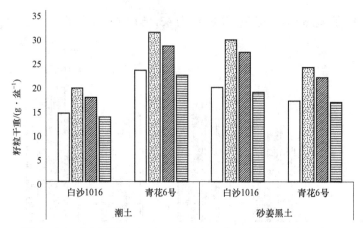

图6-1 不同土壤和Cd处理中两个花生品种的生物量（续）

荚生物量为5.85 g/盆，籽粒生物量为24.24 g/盆，分别比对照提高了31%（$P>0.05$）、39%（$P<0.001$）、41%（$P>0.05$）和41%（$P<0.05$）。

统计分析表明，无论是对照还是Cd处理，同种土壤环境下，花生各个部分生物量的基因型差异显著（$P<0.001$）；而花生品种方面，仅白沙1016花生果荚生物量（$P>0.05$）和籽粒生物量（$P<0.05$）受土壤类型影响差异显著。在各种Cd处理水平下，潮土环境下青花6号花生各部分生物量均高于白沙1016（$P>0.05$），而砂姜黑土环境下青花6号花生仅茎叶和根生物量高于白沙1016（$P>0.05$），果荚及籽粒生物量均低于白沙1016（$P<0.001$）。方差分析结果（表6-2）表明，无论是对照还是加Cd处理，Cd浓度、花生品种和土壤类型对花生茎和根的生物量影响都不显著（$P>0.05$）。

表6-2 土壤、基因型、Cd浓度及其互作对花生生物量的影响

变异来源	茎干重	根干重	果荚干重	籽粒干重
土壤Cd浓度	182.12***	290.60***	338.93***	255.39***
基因型	644.99***	1 556.91***	495.56***	142.09***
土壤类型	42.29***	178.08***	2.20n.s.	5.10*
土壤Cd浓度×基因型	2.63n.s.	4.88***	0.37n.s.	0.26n.s.
土壤Cd浓度×土壤类型	2.49n.s.	9.24***	2.67n.s.	3.04*
基因型×土壤类型	4.44*	7.02**	1 170.87***	782.9***
土壤Cd浓度×基因型×土壤类型	0.14n.s.	0.28n.s.	11.07***	9.95***
n.s.：$P>0.05$；*：$P<0.05$；**：$P<0.01$；***：$P<0.001$。				

6.2.2　不同类型土壤上花生 Cd 吸收分配差异

由图 6-2 可知，在不同土壤类型下，白沙 1016 和青花 6 号根、茎叶、果

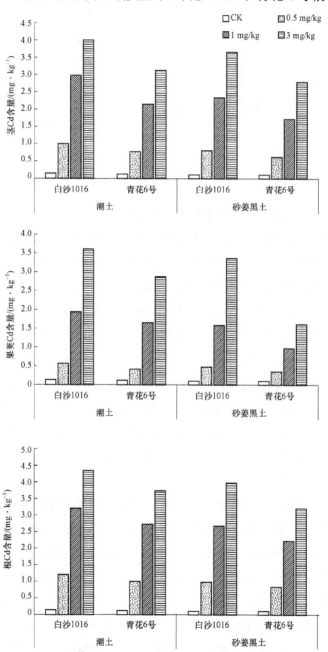

图 6-2　不同土壤和 Cd 处理中两个花生品种的 Cd 含量

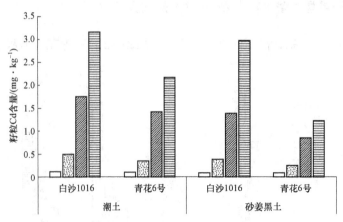

图 6-2　不同土壤和 Cd 处理中两个花生品种的 Cd 含量（续）

荚和籽粒的 Cd 含量均随土壤 Cd 浓度的增加而显著增加（$P<0.001$）。当土壤 Cd 处理浓度为 0.5 mg/kg 时，潮土环境下白沙 1016 花生各部分 Cd 含量分别比对照增加了 7.1、7.4、4.1 及 3.8 倍（$P<0.001$），青花 6 号花生各部分 Cd 含量分别比对照增加了 6.5、8.4、4.4 及 3.4 倍（$P<0.001$）；砂姜黑土环境下，白沙 1016 花生各部分 Cd 含量分别比对照增加了 8.1、8.2、5.7 和 4.7 倍（$P<0.001$），青花 6 号花生各部分 Cd 含量分别比对照增加了 7.0、8.4、4.4 和 3.2 倍（$P<0.001$）。当土壤 Cd 处理浓度为 3 mg/kg 时，潮土环境下白沙 1016 花生各部分 Cd 含量分别比对照增加了 28.6、27.1、25.7 和 24.2 倍，青花 6 号花生各部分 Cd 含量分别比对照增加了 24.2、31.0、25.9 和 21.9 倍；在砂姜黑土环境下，白沙 1016 花生各部分 Cd 含量分别比对照增加了 36.7、33.1、42.1 和 37.2 倍，青花 6 号花生各部分 Cd 含量分别比对照增加了 26.3、31.8、20.5 和 15.4 倍。

　　统计分析表明，无论是对照还是加 Cd 处理，同种土壤中两种花生基因型各部分 Cd 含量均存在显著差异（$P<0.001$）。品种表现上，白沙 1016 花生 Cd 含量在两种土壤环境中的差异不显著，而青花 6 号花生果荚和籽粒的 Cd 含量在两种土壤环境中存在显著差异（$P<0.001$）。方差分析结果表明（表 6-3），在不加 Cd 的对照条件下，基因型和土壤类型的互作效应在花生茎和根 Cd 含量方面的表现不显著（$P>0.05$），在花生果荚及籽粒 Cd 含量方面的表现显著（$P<0.001$）；而在加 Cd 处理下，基因型和土壤类型的互作对花生 Cd 含量的影

响均不显著（$P<0.001$）。

表 6-3　土壤、基因型、Cd 浓度及其互作对花生 Cd 含量的影响

变异来源	茎 Cd 含量	根 Cd 含量	果荚 Cd 含量	籽粒 Cd 含量
土壤 Cd 浓度	6 328.49***	2 870.43***	78 057.7***	9 104.78***
基因型	914.76***	119.28***	10 513.47***	2 002.67***
土壤类型	267.34***	91.13***	6 055.08***	686.95***
土壤 Cd 浓度×基因型	229.09***	24.25***	3 833.88***	769.53***
土壤 Cd 浓度×土壤类型	41.59***	13.45***	1 362.05***	142.68***
基因型×土壤类型	0.04n.s.	0.11n.s.	1 233.05***	113.30***
土壤 Cd 浓度×基因型×土壤类型	5.05**	0.66n.s.	729.89***	78.54***

n.s.：$P>0.05$；*：$P<0.05$；**：$P<0.01$；***：$P<0.001$。

6.2.3　不同类型土壤上花生 Cd 积累差异

图 6-3 为潮土和砂姜黑土中花生各部位的 Cd 累积量。两种土壤条件下，花生茎叶、根、果荚和籽粒 Cd 累积量都随着土壤 Cd 含量的增加而增加。无论有无 Cd 添加，两种土壤条件下花生不同部位累积量均为茎叶＞籽粒＞根＞果荚。3 mg/kg 浓度 Cd 处理下，潮土中白沙 1016 花生各部位 Cd 累积量分别是对照的 28.1、26.6、25.3 和 23.0 倍；青花 6 号花生各部位 Cd 累积量分别是对照的 23.3、31.3、25.5 和 21.0 倍。砂姜黑土中白沙 1016 花生各部位 Cd 累积量分别是对照的 37.1、32.7、42.5 和 35.4 倍；青花 6 号花生各部位 Cd 累积量分别是对照的 25.8、31.8、20.6 和 15.2 倍。加 Cd 处理下，白沙 1016 花生在砂姜黑土中 Cd 累积量增加的倍数高于在潮土中的，其中果荚 Cd 累积量增加的倍数最高；青花 6 号花生在砂姜黑土中茎叶和根的 Cd 累积量增加的倍数高于在潮土中的，而果荚及籽粒中的 Cd 累积量增加的倍数低于在潮土中的。

统计分析表明（表 6-4），在对照条件下，基因型和土壤互作对花生各部位 Cd 生物累积量的影响差异显著（$P<0.001$）；在 Cd 处理下，二者互作对花生茎叶和根 Cd 生物累积量的影响不显著（$P<0.01$），对花生果荚和籽粒 Cd

生物累积量的影响显著（$P<0.001$）。

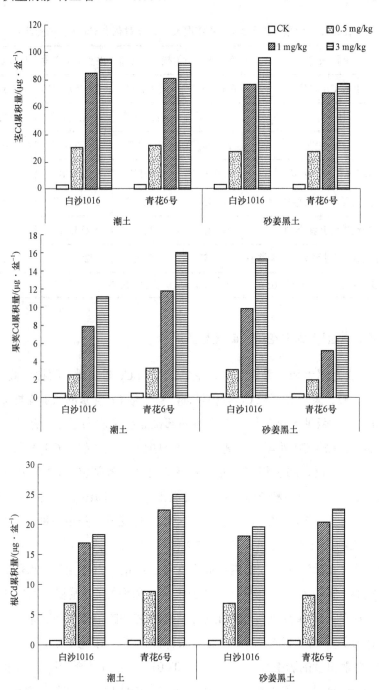

图 6-3　不同土壤和 Cd 处理中两个花生品种的 Cd 累积量

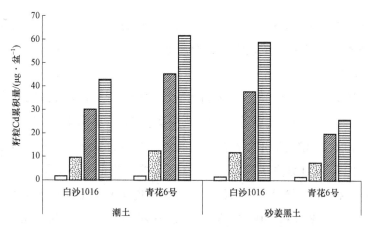

图 6-3　不同土壤和 Cd 处理中两个花生品种的 Cd 累积量（续）

表 6-4　土壤、基因型、Cd 浓度及其互作对花生 Cd 累积量的影响

变异来源	茎 Cd 累积量	根 Cd 累积量	果荚 Cd 累积量	籽粒 Cd 累积量
土壤 Cd 浓度	2 699.49***	2 655.32***	4 700.28***	6 459.59***
基因型	23.60***	193.25***	48.38***	544.19***
土壤类型	49.52***	3.79n.s.	290.48***	304.04***
土壤 Cd 浓度 × 基因型	12.06***	32.25***	30.01***	194.40***
土壤 Cd 浓度 × 土壤类型	6.82***	0.51n.s.	62.30***	58.12***
基因型 × 土壤类型	10.80**	24.22***	1 408.84***	1 686.22***
土壤 Cd 浓度 × 基因型 × 土壤类型	5.38**	5.60**	363.58***	420.96***
n.s.: $P>0.05$；*: $P<0.05$；**: $P<0.01$；***: $P<0.001$。				

6.3　讨　　论

环境中低浓度 Cd 对农作物的生长具有促进作用，而高浓度 Cd 对农作物具有毒害作用，造成作物减产（王丽香等，2011）。在研究中发现，在各土壤 Cd 处理水平下，花生各部位生物量在两种土壤介质中存在显著差异（$P<0.001$），但均表现出"低促高抑"的现象，当 Cd 浓度处理水平为 0.5 mg/kg 时，两个花生品种各部位生物量均达到最大值。可能原因是低浓度的 Cd 促进

植物细胞分裂，刺激 RNA 和蛋白酶的活性，进而促进植物生长，而高浓度的 Cd 导致细胞分裂不正常或使细胞分裂周期延长，从而抑制植物生长（杨晶晶等，2011）。

花生籽实及其制品的 Cd 含量超标的问题受到人们的广泛关注。本实验通过比较在潮土和砂姜黑土条件下两个花生品种 Cd 含量得知，花生各部位的镉含量均随土壤 Cd 浓度的增加而增加，但是在不同的土壤中其增加的速度并不相同。花生籽实 Cd 含量主要由品种 Cd 吸收能力决定（基因型主导），土壤环境主要影响 Cd 的可给性（龚伟群等，2006；史静等，2007）。通过比较发现，潮土环境下花生茎叶和根中 Cd 含量均高于砂姜黑土，果荚和籽粒 Cd 含量在两种类型土壤中高低顺序不相同；不同土壤类型中花生各部位的 Cd 含量的顺序也不相同。各个 Cd 处理条件下，两种土壤中花生 Cd 分配表现一致，我们可以得到，土壤 Cd 含量发生变化时，Cd 在花生体内的分配也随之发生变化，土壤 Cd 浓度较高时，两种土壤均表现出显著差异。

土壤中 Cd 的供给水平是决定作物成熟籽粒中 Cd 浓度的主要因子。在低浓度下，大、小麦对 Cd 的吸收与土壤中 Cd 的浓度成正比（Wanger，1993）。但 Harris 和 Taylor（2004）对小麦籽粒高/低积累的两个近等基因系研究发现，籽粒 Cd 累积量与根系吸收并没有直接的关系，而取决于根系吸收的 Cd 向地上部转移的能力。两者根系对 Cd 的吸收速率基本一致，籽粒 Cd 积累的差异主要是 Cd 由地下部向地上部转移效率引起的，高积累基因型转移效率比低积累基因型高 1.8 倍，同时，其木质部流中的 Cd 含量也是低积累基因型的 1.7～1.9 倍。

6.4 本章小结

土培条件下，白沙 1016 和青花 6 号各部位 Cd 含量和 Cd 累积量随土壤 Cd 含量增加呈递增趋势。同一类型土壤中，白沙 1016 的 Cd 含量显著高于青花 6 号，基因型和土壤互作对花生各部位 Cd 生物累积量的影响差异显著。

第 7 章

不同 pH 条件下花生对镉胁迫的响应

不同类型土壤在物质组成、内部结构上的异质性导致其物理化学性质的分异性突出，进而对植物遗传基因的表达产生一定影响。已有研究证实，土壤 pH（乔冬梅等，2010）、有机质（Zeng 等，2011）、氧化还原状况（Beesley 等，2010）、黏土矿物类型（Shahriai 等，2010）、铁营养水平（Acosta 等，2011）等土壤性质都会影响重金属元素在土壤中的存在形态及其生物有效性。在众多影响因素中，pH 对土壤 Cd 的生物有效性和作物 Cd 吸收分配的影响最大（Zeng 等，2011）。土壤 pH 对于重金属生物毒性的影响主要通过改变重金属的吸附 – 解吸过程，特别是与配合基的络合作用（张琪，2012）。此外，土壤酸碱度还会通过影响植物生长状况和健康水平来改变其对土壤重金属胁迫的生理耐受性。

已建立的高等植物毒理实验方法有 3 种：种子发芽实验、幼苗生长实验和根伸长实验（Ince 等，1999；Gong 等，2001），其中利用种子发芽和根伸长进行重金属生态毒性实验的研究较多（Song 等，2014）。

近年来，将实验室植物毒性测试与数学模型相结合对化学品的生物毒性进行综合性描述的方法已经得到应用（王学东等，2008）。如生物配体模型，由于其在预测金属对生物的毒性方面能取得比较好的结果，正被积极应用到陆地生态系统化学品污染毒性评价之中（王学东等，2008）。生物配体模型（BLM）起源于自由离子活度模型（FIAM）和鱼鳃络合模型（GSIM）。BLM 模型假设金属的生物毒性取决于自由金属离子活度，介质中的阳离子如 Ca^{2+}、Mg^{2+}、K^+、Na^+ 和 H^+ 能够和自由金属离子竞争配体的结合位点，从而减弱金属的毒性（王学东等，2008）。

本研究以籽粒 Cd 高积累品种白沙 1016 为实验材料，利用生物毒害测试技术，研究不同 pH 条件下 Cd 对花生根伸长、生理生化特征及 Cd 吸收的影响，构建 Cd 污染生物毒害预测模型，为环境中重金属污染的毒理效应及毒性机制研究提供理论支撑，为农业环境重金属污染风险评价提供新的技术方法。

7.1 材料与方法

7.1.1 实验材料

花生品种为白沙 1016。

7.1.2 实验设计

采用营养液加 Cd 培养实验。分别称取一定量的 $2CdCl_2 \cdot 5H_2O$ 配制 Cd 母液，以 0.2 mmol/L 的 $CaCl_2$（土壤孔隙水 Ca^{2+} 的最低浓度）为背景溶液，以 1 mol/L 的 NaOH 和 1 mol/L 的 HCl 调节营养液 pH，以不与金属络合的 2-（N-吗啡啉）乙磺酸（MES）（pH<7）和 3-（N-啉啉）乙磺酸（MOPS）（pH≥7）作为缓冲剂。设置 4 个 pH 水平和 8 个 Cd 浓度梯度，3 次重复（详见表 7-1）。

表 7-1 实验设计

处理	梯度	背景溶液
pH	5、6、7、8	0.2 mmol/L Ca
Cd 浓度/（μmol · L^{-1}）	0.001、0.01、0.05、0.25、0.5、1、5、25	

选取籽粒饱满的花生种子，将花生种子先用 30% 的双氧水消毒，用去离子水冲洗 4～5 遍，然后放置于底层铺有灭菌滤纸的玻璃培养皿上，并用去离子水浸没过种子，在 25 ℃ 无光照下放置 36 h，整个过程保持种子湿润。待种子露白后，选择芽头整齐的种子至不同 Cd 浓度和 pH 处理缓冲液的水培装置中培养。

水培装置采用顶部罩有定植篮（内含纱网）的 500 mL 塑料烧杯（用硝酸泡过），每个处理为 6 粒种子，溶液的 pH 用 pH 计（Delta 320，Mettler）测定。

放置于人工气候箱（RDN - 1000D - 3，宁波东南仪器有限公司）中培养。烧杯在气候箱中随机放置。培养条件为白天光照 14 h，温度为 35 ℃，光照强度为 10 000 lx，夜间无光照 10 h，温度为 25 ℃，培养 7 d 后，收获花生幼苗，测定所有处理的花生幼苗的根长。同时，将 4 个 pH 水平和 2 个 Cd 浓度梯度（0.05 mol/L、1 μmol/L）处理的植株洗净，地上部和地下部分开，用于测定生理指标和花生植株 Cd 含量。

7.1.3　测定指标和方法

7.1.3.1　株高和根长

以地下茎顶端为起点，至花生植株最高点为花生株高，至根长最长处为花生根长。

7.1.3.2　叶绿素含量

测定方法同第 3 章 3.1.3.2 节。

7.1.3.3　MDA 含量

测定方法同第 3 章 3.1.3.5 节。

7.1.3.4　抗氧化酶活性

测定方法同第 3 章 3.1.3.6 节。

7.1.3.5　植株 Cd 含量、转移系数

测定方法同第 3 章 3.1.3.7 节。

7.1.4　数据分析

7.1.4.1　生理指标、植株 Cd 含量及转移系数

采用 SPSS 19.0 对数据进行双因素方差分析，并用 Duncan 进行显著性差异检验；采用 Excel 2013 和 Origin 9.5 进行绘图。

7.1.4.2　毒性测试

参考王学东等（2008）方法计算花生的相对根伸长（RE，%）：

$$RE = \frac{RE_t}{RE_c} \times 100\%$$

式中，RE_t 为不同 Cd 浓度处理下花生的根长；RE_c 为对照组的花生根长。单位均为 cm。

7.1.4.3 Cd 毒性阈值计算

参考王学东等（2008）方法。Cd 形态计算采用 WHAM 6.0 软件，输入参数为 pH。因为实验处于开放系统，所以假设 CO_2 的分压为 35 Pa。EC50 剂量 – 效应曲线用 Log – Logistic 方程（Haanstra 等，1985）进行拟合：

$$y = \frac{y_0}{1 + e^{(x-a)/b}}$$

具体拟合通过 Miosoft Office Excel（澳大利亚科学和工业研究组织内部交流软件）来完成。利用拟合曲线求出不同评价指标的 EC50 值（EC50 为与对照相比，各评价终点受到 50% 抑制时 Cd 的剂量）及其相应的 95% 置信区间。y 代表各评价指标的数值，x 为 Cd 剂量的自然对数，y_0 与 b 是拟合参数，a 为 $\lg(EC50)$。EC50 的显著性差异由两个 EC50 的 95% 置信区间反映，如果两个 EC50 的 95% 置信区间重叠，表示两数值差异不显著，否则即存在显著性差异（$P < 0.05$）。

7.1.4.4 生物配体模型的数学基础

参考王学东等（2008）方法。根据 BLM 理论，重金属离子 Cd^{2+} 和生物配体位点（BL）结合，H^+ 等其他阳离子可以与 M^{2+} 竞争 BL 的结合位点。总表达式为：

$$TBL = [CdBL^+] + [XBL^{n+}] + [BL^-] \tag{7-1}$$

式中，TBL 为生物配体的络合容量，mol/L；$[CdBL^+]$ 为与 Cd^{2+} 结合的 BL 络合物的浓度，mol/L；$[XBL]$ 为与阳离子结合的 BL 络合物的浓度，mol/L；$[BL^-]$ 为没有被络合的配体位点的浓度，mol/L。

通过条件结合常数和离子活度的关系 $K_{CdBL} = \dfrac{\{CdBL\}}{\{Cd^{2+}\}\{BL^-\}}$，方程（7-1）可以转换为：

$$TBL = \{BL^-\}\left(1 + K_{CdBL}\{Cd^{2+}\} + \sum K_{XBL}\{X^{n+}\}\right) \tag{7-2}$$

式中，{ } 为离子活度（mol/L）；K 为条件结合常数（L/mol）。

根据 BLM 的假设，当竞争离子被考虑的时候，整个 BL 结合位点被 M^{2+} 所占据的比例为 f，即分配系数，其大小与生物量及总配体数无关。

$$f_{CdBL} = \frac{[CdBL^+]}{[TBL]} = \frac{K_{CdBL}\{Cd^{2+}\}}{1 + K_{CdBL}\{Cd^{2+}\} + \sum K_{XBL}\{X^{n+}\}} \tag{7-3}$$

当达到 50% 抑制的时候，方程（7-1）可被转化为方程（7-4）：

$$EC50\{Cd^{2+}\} = \frac{f_{CdBL}^{50\%}}{(1-f_{CdBL}^{50\%})K_{CdBL}}\left(1+K_{CdBL}\{Cd^{2+}\}+\sum K_{XBL}\{X^{n+}\}\right) \quad (7-4)$$

式中，$EC50\{Cd^{2+}\}$ 为导致 50% 花生根长抑制时自由 Cd^{2+} 活度；$f_{MBL}^{50\%}$ 为花生根长受到 50% 抑制时 $Cd^{2+}-BL$ 络合物占花生根总配体位点的比例。花生根长可以表达为方程（7-5）：

$$RE = \frac{100}{1+\left(\dfrac{f_{CdBL}}{f_{CdBL}^{50\%}}\right)^{\beta}} \quad (7-5)$$

根据方程（7-4），方程（7-5）可以转换为方程（7-6）：

$$RE = \frac{100}{1+\left(\dfrac{K_{CdBL}\{Cd^{2+}\}}{f_{CdBL}^{50\%}\left(1+K_{CdBL}\{Cd^{2+}\}+\sum K_{XBL}\{X^{n+}\}\right)}\right)^{\beta}} \quad (7-6)$$

方程（7-4）为 M-BLM 数学基础，通过 DPS 9.0 软件拟合的最小残差平方和（RMSE）作为获得最好参数的标准。

$$RMSE = \sqrt{\frac{1}{N}\sum_{1}^{N}(R_{observed}-R_{predicted})^2} \quad (7-7)$$

式中，N 为要处理的数据个数；$R_{observed}$ 为花生相对根伸长实测值；$R_{predicted}$ 为花生相对根伸长预测值。

7.2　结果与分析

7.2.1　不同 pH 条件下花生对 Cd 胁迫的生物学响应

由图 7-1 可以看出，在培养液 pH 为 5 时，花生株高随 Cd 浓度的增加变化很小；在 pH 为 6、7、8 时，花生株高整体上随培养液 Cd 浓度升高而降低（pH 为 7，0.05 μmol Cd/L 处理例外），且 pH 为 7 和 8 的处理对花生生长产生了明显的抑制效应，花生株高显著低于 pH 为 5 和 6 处理。在 pH 为 5 和 6 时，花生根长受 Cd 浓度影响不显著；在 pH 为 7 和 8 时，花生根长随培养液 Cd 浓度升高而显著降低。除对照外，培养液 pH 对花生根长的影响与对株高的影响趋势相同，即随着 pH 升高，花生根长有降低的趋势，当 Cd 浓度为 0.05 μmol/L 时，不同 pH 间差异不显著；当 Cd 浓度为 1 μmol/L 时，不同 pH 间差异显著。

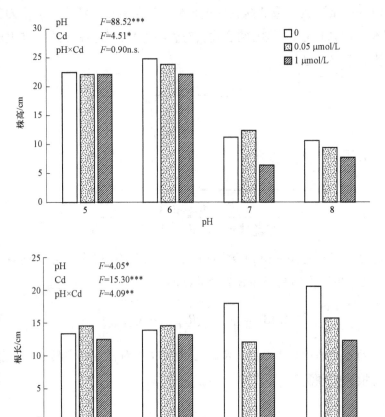

图 7-1　不同 pH 条件下花生株高和根长

7.2.2　不同 pH 条件下花生对 Cd 胁迫的生理学响应

7.2.2.1　不同 pH 条件下叶绿素对 Cd 的响应

从图 7-2 可以看出，Cd 对花生叶绿素及类胡萝卜素含量均有一定的正面效应，随着加 Cd 处理浓度升高，花生叶片叶绿素 a、b 和总含量显著升高；类胡萝卜素含量也是加 Cd 处理高于不加 Cd 处理，但 Cd 浓度对类胡萝卜素含量的影响趋势不如对叶绿素含量的影响趋势那么明显和具有规律性。随着介质 pH 增加，花生叶片叶绿素含量的下降趋势非常明显，但高 pH 环境对花生叶片类胡萝卜素含量的影响相对较小。

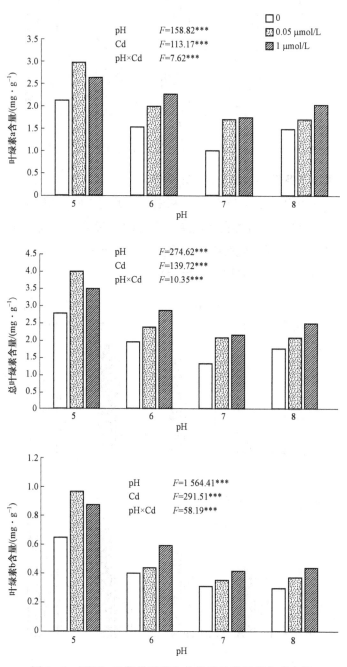

图 7-2　不同 pH 条件下花生叶绿素及类胡萝卜素含量

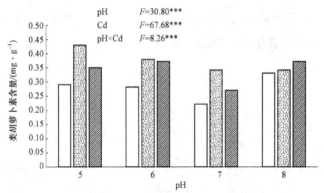

图 7-2 不同 pH 条件下花生叶绿素及类胡萝卜素含量（续）

7.2.2.2 不同 pH 条件下 MDA 对 Cd 的响应

由图 7-3 可以看出，花生叶片和根系中的丙二醛（MDA）含量随介质 pH 和 Cd 处理浓度的提高而显著提高，且 pH 与 Cd 水平之间存在显著的正交互效应，表明茎叶和根细胞膜破坏程度随着环境 pH 和重金属 Cd 的胁迫而加剧，其中根系表现出的伤害比茎叶更为严重。

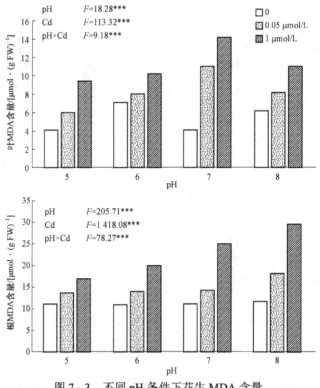

图 7-3 不同 pH 条件下花生 MDA 含量

7.2.2.3　不同 pH 条件下抗氧化酶对 Cd 的响应

图 7-4 表明，抗氧化酶中，花生根系 POD 活性对 pH 和 Cd 胁迫的反应最为敏感，随着介质 pH 和 Cd 浓度水平提高，花生根系 POD 活性呈极显著下

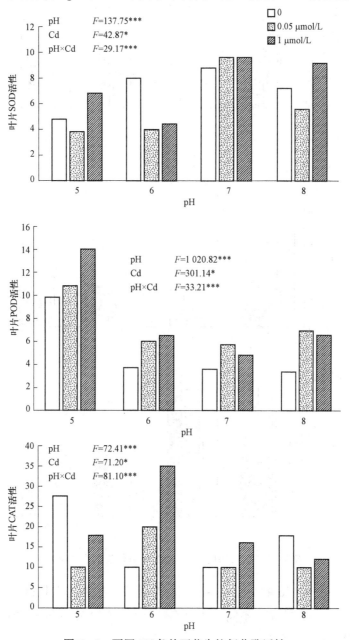

图 7-4　不同 pH 条件下花生抗氧化酶活性

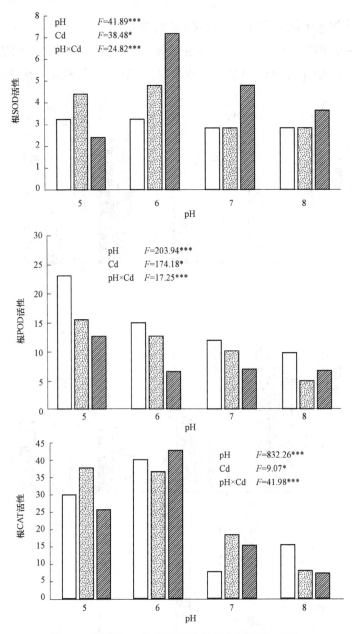

图 7-4　不同 pH 条件下花生抗氧化酶活性（续）

降趋势，且 pH 与 Cd 的交互作用效应极为显著。花生茎叶中 POD 活性对 Cd 胁迫的响应与根系的完全不同，即随着介质 Cd 浓度水平提高，根系 POD 活性呈升高趋势，特别是在介质 pH 为 5 和 6 的情况下。但是，介质 pH 对花生根系 POD 活性的影响趋势与茎叶的相似，即当介质 pH 为 6 及以上时，根系 POD 活性显著低于介质 pH 为 5 的情况，pH 为 6～8 的活性差异不明显。

叶的 SOD 活性在 pH 为 7 时对 Cd 有明显的响应，但根的 SOD 活性是在 pH 为 6 时对 Cd 有显著的响应。CAT 活性变化规律同 POD。叶和根的 CAT 活性是在 pH 为 6 时对 Cd 有显著的响应。在 pH 相同的情况下，当植株处于 1 μmol/L 时，无论是植株的根还是叶部分，抗氧化酶的活性都是最高的。

7.2.2.4　不同 pH 条件下花生对 Cd 的吸收

由图 7-5 可以看出，随着介质 pH 升高，花生根系和茎叶组织 Cd 含量呈极显著提高，其中根系 Cd 含量升高的幅度又显著大于茎叶，高 Cd 处理（1 μmol/L）的影响尤为突出。低 Cd 处理（0.05 μmol/L）的茎叶 Cd 与根系 Cd 含量的比值（转移系数）高于高 Cd（1 μmol/L）处理，介质 pH 的提高似有促进低 Cd（0.05 μmol/L）处理的花生 Cd 从根系向茎叶迁移的作用（转移系数提高）。在所有条件都相同的情况下，根中的 Cd 含量明显比茎叶中的 Cd 含量要多。

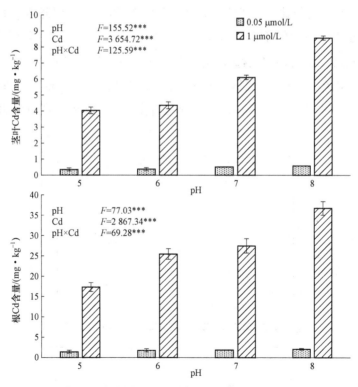

图 7-5　不同 pH 条件下花生对 Cd 吸收差异

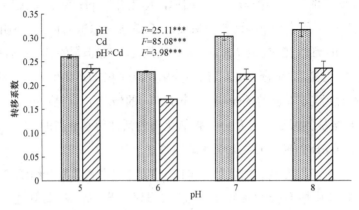

图 7-5 不同 pH 条件下花生对 Cd 吸收差异（续）

7.2.3 不同 pH 条件下 Cd 的化学形态

由图 7-6 看出，不同 pH 条件下，Cd^{2+} 为溶液中 Cd 的主要形态。当 pH 为 5.0 时，Cd^{2+} 含量比例为溶液中总 Cd 含量的 96.36%。但随着 pH 的增加，Cd^{2+} 和 $CdCl^+$ 含量缓慢下降，$Cd(OH)^+$ 和 $CdHCO_3^+$ 的含量呈现缓慢上升的趋势。当 pH 为 8.0 时，Cd^{2+} 含量比例下降为 89.65%，其他 Cd 形态如 $Cd(OH)^+$、$CdCl^+$ 和 $CdHCO_3^+$ 的含量比例分别为 0.51%、3.44%、1.36%，$CdCO_3$ 的含量比例小于 0.5%，其他 Cd 形态因为含量比例较低（<3.5%），所以忽略不考虑。

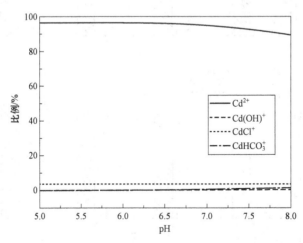

图 7-6 不同 pH 范围内 Cd 的形态分布

7.2.4　Cd 对花生根伸长的毒性效应

从剂量-效应曲线（图 7-7）计算得到的不同 pH 条件下毒性阈值 EC50（分别以 Cd_T 和自由 Cd^{2+} 表示）及其 95% 置信区间见表 7-2。

由图 7-7 和表 7-2 可以看出，当 pH 为 5～8 时，用可溶性总 Cd 计算出的 EC50$\{Cd_T\}$ 为 1.94～4.46，不同 pH 间 EC50$\{Cd_T\}$ 没有显著差异。随着 pH 的增大，用 Cd^{2+} 活度计算出的 EC50$\{Cd^{2+}\}$ 从 3.86 下降到 1.54，降低了 60.1%。不同 pH 的剂量效应曲线左移，但没有明显变化，EC50$\{Cd^{2+}\}$ 差异不显著。当溶液 pH 由 5 变为 8 时，Cd^{2+} 在溶液中占总 Cd 的含量比例由 96.36% 下降至 89.65%，而 H^+ 浓度则由 10 μmol/L 降低至 0.01 μmol/L。

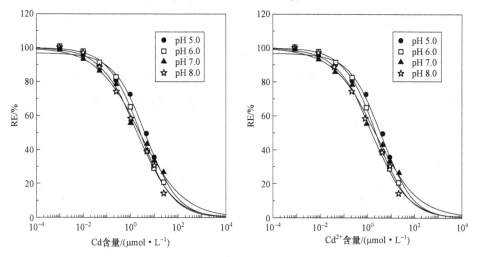

图 7-7　Cd 污染剂量效应曲线

表 7-2　不同 pH 条件下 EC50（Cd）值和其 95% 置信区间

pH	EC50[Cd_T]	95%置信区间	EC50$\{Cd^{2+}\}$	95%置信区间
5	4.46	（2.94，6.78）	3.86	（2.54，5.87）
6	2.61	（2.19，3.10）	2.26	（1.90，2.68）
7	2.48	（1.40，4.37）	2.13	（1.21，3.76）
8	1.94	（1.27，2.96）	1.54	（1.00，2.35）
注：分别以总 Cd（EC50[Cd_T]）、自由 Cd^{2+} 活度（EC50$\{Cd^{2+}\}$）表示。				

7.2.5　生物配体模型

在生物配体模型构建中，考虑了 H^+ 对 Cd^{2+} 的竞争作用。

Cd 单独存在时，花生根长修正为：

$$RE = \frac{100}{1+\left(\dfrac{K_{CdBL}\{Cd^{2+}\}}{f_{CdBL}^{50\%}+\left(1+K_{CdBL}\{Cd^{2+}\}+K_{HBL}\{H^{+}\}\right)}\right)^{\beta}} \qquad (7-8)$$

在生物配体模型（BLM）理论的基础上，估算了自由 Cd^{2+}、H^{+} 与花生根配体的络合平衡常数，构建了 Cd 污染联合生物毒害预测模型。通过 DPS 9.0 软件数学模型功能得到的参数结果见表 7-3。

表 7-3　BLM 模型拟合的参数

lgK_{Cd}	lgK_{H}	$f_{MBL}^{50\%}$	β	R^2
5.59 ± 0.06	5.10±0.21	0.33±0.04	0.91±0.07	0.97

从表 7-3 和图 7-8 可以看出，拟合模型的 R^2 值为 0.97，模型拟合效果好。Cd^{2+} 与花生根 BL 的络合常数 lgK_{CdBL} 为 5.56，H^{+} 与花生根 BL 的络合常数 lgK_{HBL} 为 5.10。Cd^{2+} 和 H^{+} 都具有与花生根系结合的能力，两者络合常数相近，其与花生根系结合的能力也相近，H^{+} 和 Cd^{2+} 产生有效竞争作用。

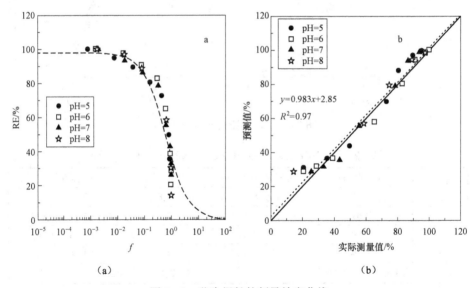

（a）　　　　　　　　　　　（b）

图 7-8　花生根长的剂量效应曲线

（a）基于 BLM 理论的分配系数和花生实际根长的关系；

（b）BLM 得到的花生根长预测值和实际测量值之间的关系。

（注：虚线表示绝对的吻合，实线表示预测曲线。x 为 Cd^{2+} 活度，$\mu mol/L$）

为了验证本实验得出的 BLM 参数的准确性，采取回代数值的方法检验分配系数 $f_{CdBL}^{50\%}$ 和花生实际根长的关系及花生根伸长的预测值和实际测量值之间的相关性。从图 7-8 可以看出，在 BLM 中考虑了 H^+ 的竞争作用后，很好地拟合了分配系数 $f_{MBL}^{50\%}$ 和花生根长之间的剂量效应关系，$R^2=0.97$。BLM 模型从机理上很好地解释了花生根受体和 Cd^{2+} 之间的相互关系。

7.3　讨　　论

本研究采用土壤模拟溶液培养的方法，研究了不同 pH 下花生根伸长、不同 Cd 毒性的生物有效性形态及它们之间的量化关系。研究确定了 pH 是影响 Cd 毒性的主要环境因素。在 pH 为 5.0~8.0 时，自由 Cd^{2+} 为主要的致毒因素，此条件下花生也主要受自由 Cd^{2+} 的毒性影响。

因此，自由离子形态 Cd^{2+} 是影响生物毒害的生物有效性形态。但除自由离子 Cd^{2+} 外，$CdHCO_3^+$、$Cd(OH)^+$ 可能也是有毒害的形态，但由于含量不高，因此忽略不考虑。

大量研究表明，pH 会影响重金属对生物的毒性，这种影响主要是由 H^+ 竞争作用引起的，H^+ 可以通过与自由重金属离子在植物根系表面 BL 的结合位点进行竞争，从而减弱重金属的毒性。如张琪（2012）研究表明，$CdSO_4$ 和 $Pb(NO_3)_2$ 对大型溞的急性毒性随着 pH 的增大而逐步增大，而 $ZnSO_4$ 和 $CuSO_4$ 则表现出相反的趋势，而在综合毒性方面，则发现 Cu（Ⅱ）和 Pb（Ⅱ）的毒性最大，Cd（Ⅱ）次之，Zn（Ⅱ）的毒性影响最小。Le 等（2012）在研究 Ca^{2+}、Mg^{2+}、Na^+、K^+ 和 pH 对暴露于 Cu 溶液中 4 d 的莴苣（*Lactuca sativa*）根伸长的影响时，发现只有 H^+ 可以显著减弱 Cu 对莴苣根伸长的毒性。在对大麦根伸长 Zn 毒性的研究中，Wang 等（2010）发现 Ca^{2+}、Mg^{2+}、K^+ 和 H^+ 具有和自由 Zn^{2+} 竞争生物配体的作用，但 Na^+ 不具有竞争作用。土壤溶液中常见的离子，如 Al^{3+}、Ca^{2+}、Mg^{2+}、Na^+、H^+ 等，能通过电荷屏蔽和与膜表面离子键结合的方式来降低根膜表面电势，从而降低重金属离子在膜表面活度，缓解重金属的毒性（Wang 等，2012b）。它们减少电负性的能力为：三价离子＞H^+＞二价离子＞一价离子（周东美和汪鹏，2011）。

本研究中，pH 对 Cd 毒性的影响最为显著。酸性环境中，H^+ 与 Cd^{2+} 产生竞争，Cd 毒性减弱；碱性环境中，Cd EC50{Cd^{2+}}显著下降，Cd 毒性增强。

Wilde 等（2006）研究了在 pH 为 5.5～8.0 下，Cu 和 Zn 对淡水藻（*Chlorellasp sp.*）的毒性，通过分析测量了细胞外 Cu、Zn 浓度，发现 IC50（抑制 50%藻类生长时的 Cu、Zn 浓度）随 pH 增加而减小。对土壤中 Zn 的毒害研究同样发现了类似规律，如 Smolders 等（2004）采用葡萄糖诱导的呼吸率、植物残体分解和土壤硝化势 3 种方法研究了欧洲 19 种土壤 Zn 污染的微生物生态效应，结果发现，以土壤溶液中 Zn 表示的微生物半抑制浓度 EC50 随溶液 pH 增加而减少，它们之间具有显著的线性关系。其结论同样支持 H$^+$具有和自由 Zn^{2+}竞争生物配体的作用。张璇等（2008）研究发现，当溶液中 pH 由 4.5 增加到 8.3 时，以溶液中 Ni 表示的大麦根伸长半抑制浓度 EC50 随溶液 pH 增加而减少，降低了 86%。

通过土壤模拟溶液水培花生实验研究了不同 pH 梯度下对花生 Cd 急性毒性的 EC50（分别以 Cd$_T$ 和自由 Cd^{2+}表示）的影响。研究结果表明，pH 从 5 变为 8 时，Cd^{2+}在溶液中占总 Cd 的含量比例仅由 96.36%下降至 89.65%，Cd^{2+}浓度降低了 6.96%，而 H$^+$由 10 μmol/L 降低至 0.01 μmol/L，H$^+$浓度下降了 99.9%。低 pH 条件下，H$^+$能够与 Cd^{2+}产生竞争，缓解 Cd 对花生的毒性；而高 pH 条件下，H$^+$浓度显著下降，无法与 Cd^{2+}产生竞争，Cd 毒性增强。H$^+$的活度从 10 μmol/L 下降到 0.01 μmol/L 时，Cd EC50{Cd^{2+}}从 3.86 μmol/L 变为 1.54 μmol/L，以溶液中 Cd 表示的花生根伸长半抑制浓度 EC50 随溶液 pH 增加而减少，降低了 60.10%。

7.4　本章小结

相同 Cd 浓度条件下，随着溶液 pH 增加，花生茎叶和根 Cd 均呈增加趋势。可能是因为酸性环境中，H$^+$与 Cd^{2+}产生竞争，从而导致花生 Cd 吸收量的减少；而碱性环境中，随着 pH 增加，花生根伸长半抑制浓度 EC50{Cd^{2+}}显著下降，Cd 毒性增强，对花生生长产生抑制作用，花生 Cd 含量的升高更多的是因为生物量减少而引起的"浓缩效应"。

第 8 章

微生物诱导下不同基因型花生对镉胁迫的响应

　　植物修复被认为是一种适用于大面积、低成本、环保的技术（Ma 等，2011；Song 等，2015），但在实际应用中仍然受到诸多限制。主要因为：① 用于植物修复的超积累植物大多是生物量小的野生草本植物，经济价值很小（Linger 等，2002）；② 修复时间较长，通常需要几年甚至几十年（McGrath 和 Zhao，2003）；③ 在修复过程中，被污染的土地不能正常利用，没有经济效益（Peuke 和 Rennenberg，2005）。植物 – 微生物联合修复技术通过微生物与植物的协同作用（Akhtar S 等，2013；Song 等，2015），特别是通过微生物的作用改善植物营养水平（李明亮等，2016）和健康状况之后，可使土壤重金属污染效率显著提高（Pajkumar M 等，2013）。近年发展起来的植物强化修复技术主要以经济作物（Fässler 等，2010；Robinson 等，2015）或能源作物（Shi 和 Cai，2009，2010；Yang 等，2017）为修复材料，通过施肥管理等措施强化这些作物对土壤重金属的萃取修复效率，较好地解决了土壤修复与土地利用之间的矛盾（Liu 等，2012；Meers 等，2011）。

　　花生是含油量很高的经济作物，花生茎叶（Shi 和 Cai，2009）和籽粒（McLaughlin 等，2000）对 Cd 的积累能力较强，且花生油脂既不容易遭受重金属 Cd 污染而丧失其作为食用油的优良品质（Wang Kairong，2002），也可以作为生物柴油加以利用（Kaya 等，2009）。因此，发掘花生对 Cd 污染土壤的修复潜力具有十分重要的现实意义。

8.1 材料与方法

8.1.1 供试材料

8.1.1.1 供试土壤

供试土壤为采自广西南宁某重度 Cd 污染区的砂质壤土和采自山东青岛花生种植田的砂浆黑土。南宁砂质壤土用于抗重金属微生物诱导土壤生物有效态 Cd 实验，山东砂姜黑土用于花生盆栽实验。土壤基本理化性质见表 8-1。

表 8-1 供试土壤基本理化性质

土壤类型	土壤 pH	有机质/ (g·kg^{-1})	黏粒含量/ (mg·kg^{-1})	碱解氮/ (mg·kg^{-1})	有效磷/ (mg·kg^{-1})	速效钾/ (mg·kg^{-1})	全 Cd/ (mg·kg^{-1})
砂质壤土	6.12	11.89	17.9	52.43	3.18	34.92	92.45
砂姜黑土	7.1	17.9	118.3	51.6	13.7	79.4	0.03

8.1.1.2 供试花生品种

供试花生品种同第 5 章 5.1.1 节。白沙 1016 具有较强的 Cd 耐受性和籽粒 Cd 高积累特性；青花 6 号具有较强的 Cd 敏感性和籽粒 Cd 低积累特性。

8.1.1.3 供试微生物

供试细菌为 *Burkholderia* sp.（XB）和真菌 *Penicillium* sp.（PC），Genbank 登录号为 JF807950 和 JF807949。

8.1.2 实验方案

8.1.2.1 微生物诱导下土壤生物有效态 Cd

称取过 2 mm 筛的南宁风干土样 120 g，采用相同的接种程序，对不同的灭菌和非灭菌土壤进行处理。（A）土壤+水，（B）土壤+培养基，（C）土壤+细菌或真菌+培养基，以灭菌的土壤作为对照。菌株 XB 在 30 ℃下于灭过菌的培养基上进行活化，培养基配方：甘露醇 10 g/L，$(NH_4)_2SO_4$ 2 g/L，胰蛋白胨 2 g/L，$MgSO_4 \cdot 7H_2O$ 1 g/L，K_2HPO_4 1 g/L，$FeSO_4 \cdot 7H_2O$ 0.01 g/L，$MnSO_4 \cdot 7H_2O$ 0.2 g/L。培养 2 d 后，用离心机 6 000g 离心 10 min，得到的细胞用去离子水清洗两次，再用灭菌的培养基进行再悬浮。随后这些细菌被接种到土壤中，充分混匀，最终菌落数为 $3.0×10^8$ cell/g（湿重）。为繁殖菌株 PC，在加有 8 g 甘蔗渣的密闭容器中接种 0.4 g 菌丝体，于 30 ℃下黑暗培养 3 d，随后将甘蔗渣上长满的菌丝接种到土壤中。所有处理和对照土壤在 30 ℃下培养 14 d，保持田间最大持水量的 80%。所有的处理重复 3 次。

8.1.2.2　微生物诱导条件下花生对 Cd 胁迫的响应

实验采用盆栽加 Cd 培养。供试砂姜黑土 Cd 浓度为 10 mg/kg，已陈化 2 a。将风干陈化的砂姜黑土装入实验陶钵中（30 cm×28 cm×30 cm），每钵装 21 kg 土。在花生播种前 2 d，施用尿素、磷酸二氢钾和硫酸钾作基肥，分别按每千克 ±0.133 g、±0.047 g 和 ±0.140 g，以溶液形式施入土壤中。

选取籽粒饱满、大小均匀的花生种子在日光下晒 1 d，用 1%次氯酸钠消毒 10 min 后用蒸馏水冲洗干净。然后用硫酸钙饱和溶液于 30 ℃浸种 4 h，取出放在光照培养箱中于 30 ℃黑暗保湿催芽，待种子露白后，选择芽头整齐的种子播种在充分湿润的蛭石和珍珠岩培养基（1/4 Hoagland 营养液）中培养。培育 7 d 后，选取长势均一的花生幼苗移栽至装有 1 kg 土壤的塑料容器中。每盆移栽 2 株花生幼苗，将花生放进人工气候箱（RDN–1000D–3）中进行培养，培养条件为：白天光照 14 h，光强 10 000 lx，温度（35±1）℃，晚上 10 h，温度（25±1）℃，湿度 65%。保持土壤水分含量为田间最大持水量的 65%～70%，通过称重法保持土壤水分一致。

在花生移栽后第 10 d、20 d、30 d 分别进行接菌处理。接种时直接将 XB 悬液或 PC 菌丝加于花生根周围的土壤表面，每盆加入 20 mL，对照用去离子水进行相同处理，所有处理重复 3 次。处理 45 d 后收获植株并测定相关指标。

8.1.3　测定指标和方法

8.1.3.1　生物量

处理 45 d 后，收获植株。花生幼苗先用去离子水清洗干净，将根系与地上部分开，于烘箱中 105 ℃杀青 30 min，80 ℃烘干至恒重，称重，记录地上部和根系的干重（DW）。

8.1.3.2　植株 Cd 含量和累积量

具体测定方法同第 3 章 3.1.3.7 节。

8.1.3.3　Cd 生物有效性含量

用 Chelex100 – DGT 装置（DGT Research Ltd.，Lancaster，UK）测定土壤中 Cd 的生物有效性含量，保持环境温度在（30±0.1）℃，每 2 d 从土壤中取出 DGT 装置，先用去离子水洗净，然后将结合相放置于 1.5 mL 的离心管中，加入 1 mL 1 mol/L 的 HNO$_3$，确保 HNO$_3$ 完全浸没结合相，放置 24 h 后稀释待测。具体步骤参考 Fitz 等（2003）和 Campbell 等（2008）。

吸取样品并进行稀释，采用 ICP – MS（Optima 8x00，美国 PE 公司）测定样品中 Cd 含量，根据如下公式计算土壤中生物有效性 Cd 含量（Zhang 等，1995）：

$$生物有效性 Cd 含量（M）=C_e(V_{HNO_3}+V_{gel})/f_e$$

式中，C_e（μg/L）为 1 mol/L HNO$_3$ 提取的 Cd；V_{HNO_3} 为 1 mol/L HNO$_3$ 溶液浸泡结合相的体积，一般为 1 mL；V_{gel} 为结合相体积，按 1.5 mL 计；f_e 为 Cd 的洗脱因子，按 0.8 计。

$$DGT 测量通量（F）= M / (tA)$$

式中，t 为放置时间（s）；A 为装置（膜）接触面积，按 2.54 cm^2 计。

$$DGT 富集的 Cd 浓度（C_{DGT}）= F\Delta g/D$$

式中，Δg 为扩散层厚度（0.08 cm）；DGT 装置滤膜厚度为 0.014 cm；D 为凝胶层中 Cd 的扩散系数（单位：×10^{-6} cm^2/s）。

8.1.4　数据分析

采用 SPSS1 9.0 对数据进行双因素方差分析，并用 Duncan 进行显著性差异检验；采用 Excel 2013 和 Origin 9.5 进行绘图。

8.2　结果与分析

8.2.1　微生物诱导下土壤 pH、Cd 扩散通量和生物有效 Cd 含量变化

8.2.1.1　微生物诱导下土壤 pH 变化

南宁土壤 pH 的初始值为 6.12，30 ℃下培养 14 d 后的 pH 变化如图 8 – 1 所示。在不接种微生物情况下，加入培养基培养的土壤与加水培养土壤相比，

pH 显著降低，灭菌或不灭菌处理对加水或加培养基培养土壤的 pH 无明显影响。接种细菌 XB 或真菌 PC 培养后，无论是灭菌还是不灭菌，土壤 pH 均比不接种微生物处理显著下降，其中不灭菌接种微生物的土壤 pH 下降幅度更大，接种真菌 PC 的土壤 pH 略低于接种细菌 XB 的土壤，但两者之间的差异不显著。与加入培养基培养的灭菌土壤相比，接种真菌 PC 和细菌 XB 的土壤 pH 分别下降 0.39 和 0.48 个单位。在相同的水或培养基的条件下，接种 PC 的土壤 pH 较低。在未灭菌添加培养基的土壤中，接种 XB 和 PC 的处理的 pH 下降幅度最大，分别降至 5.98 和 5.79。

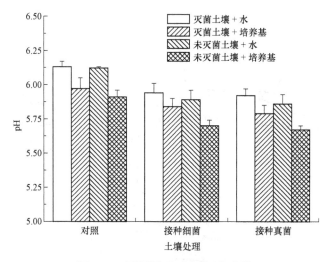

图 8-1　不同处理下土壤 pH 变化

8.2.1.2　微生物诱导下 Cd 扩散通量和生物有效态的变化

图 8-2 为南宁土壤接种微生物后，土壤 Cd 扩散通量和生物有效态 Cd 含量变化情况曲线。未接种微生物的土壤中（图 8-2（a）），水的添加对灭菌或非灭菌土壤 Cd 扩散通量和生物有效态 Cd 含量几乎没有影响；添加培养基对灭菌土壤 Cd 扩散通量和生物有效态 Cd 含量影响不大；而随着时间增加，在非灭菌土壤中添加培养基，土壤 Cd 扩散通量和生物有效态 Cd 含量显著高于其他各个处理。

南宁土壤接种微生物后（图 8-2（b）和图 8-2（c）），与对照相比，添加 XB 或 PC 后，随着时间变化，土壤 Cd 扩散通量和生物有效态 Cd 含量显著增加。接种前土壤 Cd 扩散通量为 10.94 pg·cm²/s，在灭菌土壤中接种 XB

后，土壤 Cd 扩散通量至少增加了 2 倍。添加培养基的土壤中，Cd 扩散通量和生物有效态 Cd 含量增加幅度要显著高于添加纯水的土壤，而未灭菌土壤的Cd 扩散通量和生物有效态 Cd 含量均高于灭菌土壤。

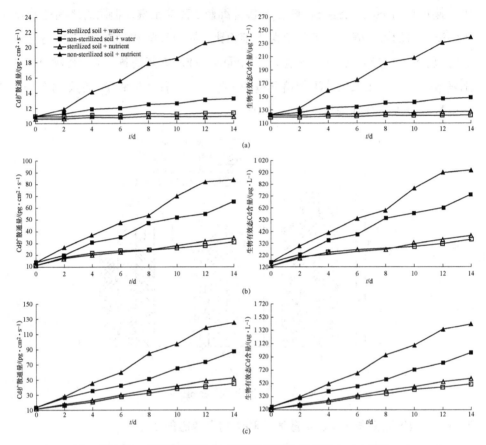

图 8-2　不同处理下 Cd 扩散通量和生物有效态 Cd 含量

（a）对照（未接种微生物）；（b）土壤接种 *Burkholderia* sp.；（c）土壤接种 *Penicillium* sp.

8.2.2　微生物诱导下花生生物量与 Cd 富集量变化

8.2.2.1　花生生物量变化

在砂姜黑土接种微生物后，两花生品种生物量变化如图 8-3 所示。与未接种对照相比，接种 XB、PC 微生物使白沙 1016 和青花 6 号的茎叶干重、根干重、花生生物量显著增加。接种两种微生物对白沙 1016 和青花 6 号茎叶干重和根干重增加的影响有显著差异，生物量的增加顺序为 PC＞XB＞CK。

　　砂姜黑土接种微生物后，与未接种对照相比，接种 XB 和 PC 使白沙 1016 茎叶干重增加了 10.34% 和 33.29%，而根干重增加了 16.30% 和 33.55%。接种 XB 和 PC 使青花 6 号茎叶干重增加了 8.35% 和 18.27%，而根干重增加了 18.23% 和 27.19%。总体来看，白沙 1016 茎叶干重和根干重的增长幅度要高于青花 6 号，接种 PC 的土壤的花生茎叶干重和根干重的增长幅度均高于接种 XB。

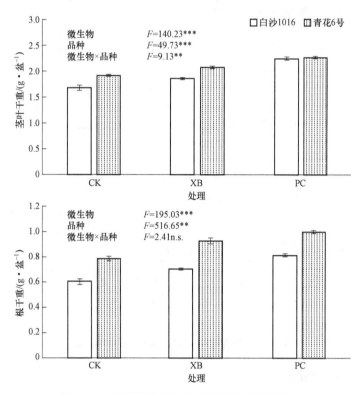

图 8-3　土壤接种微生物对花生生物量的影响

8.2.2.2　花生 Cd 含量变化

　　图 8-4 为土壤接种微生物后对花生 Cd 含量的影响。与未接种相比，接种菌种 XB、PC 都显著增加了两种花生的根和茎叶 Cd 的含量，且大小顺序为 PC ＞ XB ＞ CK。白沙 1016 茎叶和根的 Cd 含量分别为 26.20 mg/kg 和 28.29 mg/kg，青花 6 号茎叶和根的 Cd 含量分别为 21.88 mg/kg 和 24.02 mg/kg。当接种菌种 XB 时，白沙 1016 和青花 6 号根 Cd 含量最大值分别为 46.96 mg/kg 和 42.23 mg/kg；当接种菌种 PC 时，白沙 1016 和青花 6 号根 Cd 含量最大值

分别为 54.93 mg/kg 和 49.97 mg/kg。无论何种花生，根 Cd 的含量要高于茎叶 Cd 的含量。接种 PC 的土壤的花生茎叶 Cd 含量和根 Cd 含量的增长幅度均高于接种 XB。

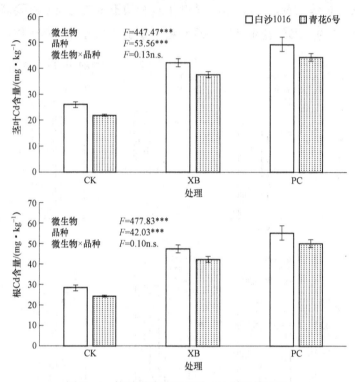

图 8-4　接种微生物对花生 Cd 含量的影响

8.2.2.3　花生 Cd 累积量变化

接种微生物条件下白沙 1016 和青花 6 号茎叶和根对 Cd 累积量的影响如图 8-5 所示。与未接种对照相比，接种菌株 XB、PC 都显著增加了两种花生的根和茎叶对 Cd 的累积量的影响。接种菌株 XB 和 PC 条件下的白沙 1016 茎叶对 Cd 的累积量为 78.43 mg/盆和 110.51 mg/盆，接种菌株 XB 和 PC 条件下的白沙 1016 根对 Cd 的累积量为 33.12 mg/盆和 44.483 3 mg/盆。接种微生物条件下白沙 1016 对花生 Cd 累积量的影响的变化模式与青花 6 号的相同，但是增加幅度小于青花 6 号。总体来看，白沙 1016 茎叶 Cd 的累积量和根 Cd 的累积量的增长幅度要低于青花 6 号，接种 PC 的土壤的花生茎叶 Cd 的累积量和根 Cd 的累积量的增长幅度均高于接种 XB。

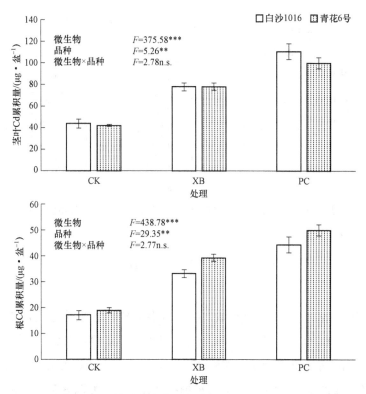

图 8-5　接种微生物对花生 Cd 累积量的影响

8.2.3　花生根际土生物有效态 Cd 含量

　　图 8-6 所示为接种微生物对花生根际土生物有效态 Cd 含量的影响。从图中可以看出,接种微生物显著增加了两个花生品种根际土的生物有效态 Cd 含量。未接种菌株 XB 和 PC 条件下的白沙 1016 的根际土生物有效态 Cd 含量为 14.24 μg/L,接种菌株 XB 条件下的白沙 1016 的根际土生物有效态 Cd 含量为 23.17 μg/L,接种菌株 PC 条件下的白沙 1016 的根际土生物有效态 Cd 含量为 26.96 μg/L。未接种菌株 XB 和 PC 条件下的青花 6 号的根际土生物有效态 Cd 含量为 13.28 μg/L,接种菌株 XB 条件下的青花 6 号的根际土生物有效态 Cd 含量为 21.04 μg/L,接种菌株 PC 条件下的青花 6 号的根际土生物有效态 Cd 含量为 24.35 μg/L。总体来看,接种 PC 的花生根际土生物有效态 Cd 含量增长幅度均高于接种 XB。

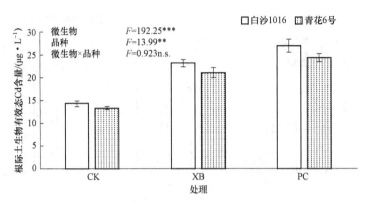

图 8-6　接种微生物对花生根际土生物有效态 Cd 含量的影响

8.3　讨　　论

许多研究表明，接种特定微生物可以促进植物吸收重金属，提高植物修复效率（Arriagada 等，2004；Gaur 等，2004；Cao 等，2008）。本研究表明，与对照相比，接种抗重金属微生物 XB 和 PC 可以显著增加花生根际土中生物有效态 Cd 的含量（图 8-6）。即接种菌株 XB 和 PC 可以为花生提供更多可利用态的 Cd，从而促进了花生对 Cd 的吸收，提高了植物修复效率。

土壤微生物，特别是与植物相关的细菌或真菌，通过降低土壤 pH、释放螯合物、提高 P 溶解度或改变 Eh（Biyik 等，2005；Song 等，2015）来影响重金属的溶解度、有效性和运输能力，从而可能影响植物对重金属的吸收。同时，微生物还可以分泌各种有机化合物，如低分子有机酸、碳水化合物和酶，溶解土壤中非有效态的重金属矿物（Sheng 等，2006；Ceik 等，2007）。Braud 等（2009）接种 *Pseudomonas aeruginosa* 可以促使 Cr 和 Pb 大量地溶解在土壤溶液中。Wu 等（2005）研究发现，接种细菌可以显著增加可溶性重金属（Zn、Cu、Cd）的含量。重金属形态和生物可利用性的改变可能与土壤的 pH 的降低有关，因为通过细菌的代谢活动，质子、氨基酸和有机酸的分泌会降低土壤的 pH。本研究利用 DGT 测定两个花生品种根际土中生物有效态 Cd 的浓度，直接表征接种微生物对重金属生物有效性的影响，接种微生物后，土壤的 pH 降低（图 8-1）可能是花生根际土中生物有效态 Cd 含量增加的原因。

菌株 PC 在土壤中对 DGT 测量的 Cd 通量的影响要比 XB 大得多，而 PC 接种后的土壤重金属通量值约为 XB 所接种的处理水平的 1 倍。*Burkholderia* sp.在自然界中广泛存在，通过排泄有机酸，能够溶解不可用的重金属矿物（Guo 等，2014；Guo 等，2015）。真菌表现出一种高的能力，可以通过多种机制来耐受和解毒重金属，包括价态转化、额外的和细胞内的沉淀。真菌的高表面积和其解毒重金属的能力及在困难情况下与本地细菌菌群的竞争是它们被用来修复受污染土壤的原因（Song 等，2015）。某些种类的异养真菌，如青霉菌（*Penicillium* sp.），已显示出在重金属污染土壤中改善植物修复的潜力。

本研究表明，与未接种微生物相比，接种微生物使白沙 1016 地上部和地下部干重增加了 10.34%和 33.55%。相比之下，接种微生物条件下花生根际土中有效态 Cd 含量增加了 62.65%和 89.32%。接种微生物条件下，白沙 1016 根际土生物有效性重金属的增加速率显著高于地上部和地下部干重的增加速率，这促进了花生对重金属的吸收，使花生体内重金属的含量增加。青花 6 号结果与此相似。

接种真菌可以增加白沙 1016 青花 6 号地上部和地下部的生物量，以及两花生品种吸收 Cd 的总量，从而提高花生修复重金属污染土壤的修复效率。Adams 等（2007）报道接种 *Trichoderma harzianum* T22 可以促进爆竹柳在重金属污染土壤上的生长。Cao 等（2008）研究表明，接种 T. *atroviride* F6 可以使生长在 Cd、Ni 和 Cd/Ni 复合污染中的天菜的生物量分别提高 110%、40%和 170%，从而促使修复效率的提高。本研究表明，接种真菌 XB 和 PC 可以显著提高白沙 1016、青花 6 号地上部和地下部的生物量及 Cd 吸收量，这与 Cao 等（2008）、Ma 等（2011）和 Wang 等（2007）的报道是一致的。总之，接种耐重金属的菌株 XB 和 PC 具有提高花生修复效率的潜力。

8.4　本章小结

接种耐重金属菌株 XB 和 PC 后，能显著降低土壤 pH，活化土壤中的 Cd，提高土壤生物有效态 Cd 含量。

接种耐重金属菌株 XB 和 PC 能够显著增加白沙 1016 和青花 6 号的生物量、Cd 含量及花生对 Cd 的吸收累积量，进而有助于植物修复效率的提高。接种微生物可以增加花生根际土中生物有效态 Cd 的含量，为花生联合微生物修复 Cd 污染土壤提供了理论依据。

第 9 章

外源镧缓解花生镉毒害效应

花生是需钙量较大的作物，钙离子对于植物细胞壁和细胞膜的稳定、酶的调控、阴阳离子的平衡具有重要作用（郑茂波，2005）。LaCl$_3$ 是一种钙离子通道阻断剂，可以阻断细胞膜上的钙离子通道，阻止细胞外的钙离子进入细胞中，使细胞内钙离子浓度降低。

实验表明，一定剂量（10 mg/kg）La^{2+} 处理植物可以缓解 Cd 的胁迫效应，使各指标均不同程度地趋向正常（叶亚新等，2005）。周青等（1998）研究表明，一定剂量的 La 能促进根系生长发育，优化苗期素质，诱导小麦的抗逆性，继而缓解 Cd 污染对株高、主根长、叶绿素含量、脱氢酶活性、MDA 含量、POD、SOD 活性的影响。

本实验研究了在水培盆栽条件下青花 6 号和日花 2 号两个品种花生在不同 La 浓度下植株对 Cd 的吸收能力，以及在两个重金属的影响下花生基本性状、根系形态、叶绿素含量和抗氧化酶活性的变化，为花生的安全生产提供理论依据。

9.1　材料与方法

9.1.1　供试材料

花生品种：青花 6 号、日花 2 号。

9.1.2　实验设计

分别选取两个品种的花生，要求籽粒饱满、大小一致，用 30% 的过氧化氢消毒 5 min，用蒸馏水洗净、浸泡，大张滤纸用蒸馏水润湿后包裹浸泡后的花生，再用锡箔纸包裹，整体放入塑料桶中，使花生胚根向下，花生种子竖直生长。塑料桶底部加入少量水，桶口用锡箔纸盖住，放入人工气候箱，于27 ℃黑暗中催芽。

本实验共设 4 个处理组：0 Cd+La 处理组，含 Cd^{2+}+La^{3+}分别为（0+0）μmol/L、（0+0.25）μmol/L、（0+1）μmol/L、（0+5）μmol/L；0.25 Cd+La 处理组，含 Cd^{2+}+La^{3+}分别为（0.25+0）μmol/L、（0.25+0.25）μmol/L、（0.25+1）μmol/L、（0.25+5）μmol/L；1 Cd+La 处理组，含 Cd^{2+}+La^{3+}分别为（1+0）μmol/L、（1+0.25）μmol/L、（1+1）μmol/L、（1+5）μmol/L；5 Cd+La 处理组，含 Cd^{2+}+La^{3+}分别为（5+0）μmol/L、（5+0.25）μmol/L、（5+1）μmol/L、（5+5）μmol/L。每个处理组均用 1 mmol/L MES（2－（N－吗啡啉）乙磺酸）营养液（含钙浓度 0.2 μmol/L）培养为对照，每组中的每个处理项均设 3 个重复。

配制 MES 缓冲液，加无水氯化钙，用氢氧化钠和盐酸调节 pH，使 pH 为6.00 左右，量取 800 mL 倒入塑料桶，上置定植篮，底部放锡箔纸，将培养好的花生插入，每桶种 3 棵，按照 La 和 Cd 的处理梯度，依次加入定量的两种重金属溶液。移至人工气候箱，白天、黑夜两个时段培养 16 d。

取鲜样测鲜重和植株叶片叶绿素含量后，将样品先用自来水清洗，再用蒸馏水冲洗，地上部和地下部分开，装入信封，于 105 ℃下杀青 30 min，80 ℃下烘干至恒重，测定干重。将干样粉碎，用于测定植株的 Cd 含量。

9.1.3　实验指标及测定方法

9.1.3.1　植株根系形态的测定

测定方法同第 4 章 4.1.3.2 节。

9.1.3.2　叶绿素含量的测定

测定方法同第 3 章 3.1.3.2 节。

9.1.3.3　植株超氧化物歧化酶、过氧化物酶和过氧化氢酶的测定

测定方法同第 3 章 3.1.3.6 节。

9.1.3.4　植株 Cd 含量、Cd 累积量和转移系数的测定

测定方法同第 3 章 3.1.3.7 节。

9.1.4　数据分析与处理方法

本次研究使用 SPSS 19.0、Excel 2010 对实验数据进行分析和处理。

9.2 结果与分析

9.2.1 花生基本性状的比较

表 9-1 为花生青花 6 号和日花 2 号两个品种在不同 La 和 Cd 浓度下根长、株高，以及地上、地下生物量的变化情况。从表中可以看出，当 Cd 浓度为 0 μmol/L 时，随着 La 浓度的增加，青花 6 号花生品种根长度是先降低后升高的，株高则是先升高后降低，地上、地下生物量的变化规律是一致的，都是先升高后降低；日花 2 号花生品种在 Cd 浓度为 0 μmol/L 时，La 浓度由 0 μmol/L 到 5 μmol/L 时，根长先升高后降低，株高呈降低的趋势，地上生物量升高，地下生物量则先升高后下降。

表 9-1 不同 La 和 Cd 浓度对花生根长、株高和生物量的影响

品种	Cd 浓度/ (μmol $\cdot$ L^{-1})	La 浓度/ (μmol $\cdot$ L^{-1})	根长/cm	株高/cm	地上生物量/ (g $\cdot$ 株$^{-1}$)	地下生物量/ (g $\cdot$ 株$^{-1}$)
青花 6 号	0	0	17.0	8.2	0.15	0.03
		0.25	23.5	12.0	0.21	0.10
		1	21.3	11.8	0.15	0.09
		5	12.7	8.6	0.18	0.06
	0.25	0	9.1	6.2	0.19	0.07
		0.25	9.3	5.3	0.20	0.11
		1	18.5	9.1	0.20	0.13
		5	16.3	8.9	0.16	0.10
	1	0	7.5	6.4	0.21	0.14
		0.25	13.5	9.3	0.23	0.14
		1	14.0	10.7	0.21	0.15
		5	12.2	9.0	0.17	0.11
	5	0	5.0	5.3	0.25	0.05
		0.25	5.8	5.0	0.21	0.06
		1	9.3	3.0	0.15	0.07
		5	5.8	4.2	0.20	0.04

品种	Cd 浓度/ ($\mu mol \cdot L^{-1}$)	La 浓度/ ($\mu mol \cdot L^{-1}$)	根长/cm	株高/cm	地上生物量/ ($g \cdot 株^{-1}$)	地下生物量/ ($g \cdot 株^{-1}$)
日花 2号	0	0	10.6	14.0	0.19	0.13
		0.25	12.0	14.0	0.19	0.13
		1	13.3	13.0	0.23	0.15
		5	9.8	8.3	0.20	0.06
	0.25	0	14.3	13.7	0.19	0.18
		0.25	12.5	12.0	0.17	0.09
		1	15.5	14.6	0.22	0.18
		5	13.1	13.0	0.18	0.12
	1	0	12.0	11.9	0.16	0.16
		0.25	12.0	11.3	0.20	0.18
		1	18.5	13.1	0.26	0.22
		5	11.3	12.5	0.23	0.19
	5	0	5.3	2.5	0.20	0.04
		0.25	4.9	4.8	0.21	0.04
		1	6.5	4.0	0.24	0.07
		5	4.2	1.8	0.11	0.06

青花 6 号在 Cd 浓度为 0.25 μmol/L 和 1 μmol/L 时，根长和株高随着 La 浓度的增加而升高，地上、地下生物量都是先升高后降低；日花 2 号在此 Cd 浓度下，根长和株高呈现先降低后升高的趋势，地上、地下生物量在 La 浓度为 5 μmol/L 时都呈上升的变化趋势；青花 6 号和日花 2 号在 Cd 浓度为 5 μmol/L 时，根长和株高在 La 浓度达到最大时都呈下降的趋势，而青花 6 号的地上生物量随着 La 浓度的升高是先降低后升高，地下生物量是先升高后降低，日花 2 号的地上、地下生物量都是先上升后降低的。

植株根系对 Cd 的吸收主要通过根尖部分，整体上，青花 6 号和日花 2 号花生的根长、株高和生物量是随着 Cd 浓度的升高而先升高后降低的；Cd 浓度一定时，随着 La 浓度的升高，两个花生品种的基本性状是先增加后减少。青花 6 号在 La 浓度为 0.25 μmol/L 时促进花生的基本性状，高浓度时抑制；日花 2 号在 La 浓度为 1 μmol/L 时促进花生的基本性状，5 μmol/L 时抑制。

9.2.2　花生根系形态分析

大多数植物对于 Cd 胁迫较为敏感，低浓度时根系和植株生长就被抑制，根伸长的抑制是植株受到 Cd 胁迫后最早且最明显的症状。青花 6 号和日花 2 号花生在不同的 La 和 Cd 浓度相互作用下，花生植株根系形态的比较见表 9-2。总体可以看出，随着 Cd 浓度的增加，青花 6 号和日花 2 号花生的总根长、总表面积和总体积均降低，平均直径则没有显著影响。

青花 6 号花生在 Cd 浓度为 0.25 μmol/L 时，总根长、总表面积和总体积均升高，表明 Cd 在低浓度下会一定程度地促进植株生长；当 Cd 浓度为 0 μmol/L 时，青花 6 号和日花 2 号花生在 La 浓度逐渐升高的同时，总根长、总表面积和总体积均降低，青花 6 号花生在 Cd 浓度为 5 μmol/L 时，随着 La 浓度的升高，也表现出相同的趋势，说明 La 在一定程度上会影响植株的正常生长。日花 2 号花生在 Cd 浓度为 0.25 μmol/L 时就表现出 Cd 对其的胁迫作用，青花 6 号花生在 Cd 浓度稍高时才有此现象，可以看出两个花生品种间的差异性。

表 9-3 和表 9-4 所示为不同 La 和 Cd 浓度相互作用下 Cd 对不同直径根系的影响。可以看出，青花 6 号中，直径为 0~0.5 mm 的根系上占较大比重，根系直径主要为 0~4.5 mm，根直径大于 4.5 mm 的几乎没有，表明受不同浓度 La 和 Cd 相互作用明显。

日花 2 号中，直径为 0.5~1.0 mm 的根系上占较大比重，0~0.5 mm 的直径根系比重相对较少。在每一个根直径下都有根伸长，在根直径为 4.5 mm 时，根长度大于青花 6 号花生，表明在不同的 La 和 Cd 浓度相互作用下，对不同的花生品种的根部有完全不同的作用范围，也说明在相同培养环境下，青花 6 号和日花 2 号两个花生品种有显著性差异。

整体变化趋势与表 9-2 的变化趋势相同，随着 Cd 浓度的升高，青花 6 号和日花 2 号花生根系相关参数均降低；在 La 与 Cd 的相互作用下，花生根系生长也受到一定的影响。

日花 2 号花生在 Cd 浓度升高时有显著的变化趋势，根长在任一根直径下均呈现迅速降低的现象。青花 6 号在一定 Cd 浓度下表现出促进作用，在 Cd 浓度达到较高时才表现出抑制作用。两个花生品种均在 Cd 浓度为 0.25 μmol/L、La 浓度为 1 μmol/L 时根长度达到最大值，与 Cd 对植株生长发育的影响主要表现出"低促高抑"现象的结论是一致的。

表 9-2 不同 La 和 Cd 浓度下根系分析

品种	Cd 浓度/ （μmol·L^{-1}）	La 浓度/ （μmol·L^{-1}）	总根长/cm	总表面积/ cm^2	总体积/cm^3	平均直径/ mm
青花 6号	0	0	148.12	22.26	0.26	0.47
		0.25	297.54	48.54	0.63	0.51
		1	256.69	38.79	1.31	0.44
		5	133.04	25.77	0.39	0.61
	0.25	0	160.44	32.12	0.51	0.63
		0.25	293.19	54.22	0.79	0.58
		1	369.59	89.93	1.13	0.50
		5	309.63	85.04	1.30	0.52
	1	0	465.37	83.37	1.18	0.57
		0.25	376.18	76.93	1.25	0.65
		1	481.17	93.59	1.44	0.61
		5	334.89	82.06	1.23	1.20
	5	0	33.11	11.006	0.29	1.05
		0.25	42.98	14.51	0.39	1.07
		1	81.44	21.21	0.44	0.82
		5	48.31	12.81	0.27	0.84
日花 2号	0	0	228.50	64.62	1.45	0.90
		0.25	311.17	69.02	1.21	0.70
		1	353.35	81.76	1.50	0.73
		5	125.13	29.99	0.57	0.76
	0.25	0	456.90	109.99	2.10	0.76
		0.25	380.39	74.45	1.16	0.62
		1	587.93	121.81	2.008	0.65
		5	398.04	105.04	2.20	0.84
	1	0	236.25	70.97	1.69	0.95
		0.25	400.35	98.12	1.91	0.78
		1	145.90	46.67	1.18	1.01
		5	131.13	35.39	2.45	0.85
	5	0	19.74	10.12	0.41	1.63
		0.25	10.40	8.36	0.53	2.55
		1	101.69	29.79	0.69	0.93
		5	46.27	19.02	0.62	1.30

表 9-3 不同 La 和 Cd 浓度下青花 6 号花生根系形态

品种	Cd 浓度/(μmol·L⁻¹)	La 浓度/(μmol·L⁻¹)	不同直径根长度/cm									
			0<d≤0.5 mm	0.5<d≤1.0 mm	1.0<d≤1.5 mm	1.5<d≤2.0 mm	2.0<d≤2.5 mm	2.5<d≤3.0 mm	3.0<d≤3.5 mm	3.5<d≤4.0 mm	4.0<d≤4.5 mm	d>4.5 mm
青花6号	0	0	120.36	20.60	5.63	0.52	0.00	0.55	0.37	0.10	0.00	0.00
	0	0.25	247.67	33.63	8.57	1.21	1.98	2.15	0.85	1.26	0.00	0.12
	0	1	713.26	117.72	17.18	3.93	1.79	1.20	0.46	0.38	0.08	0.52
	0	5	96.63	23.62	5.85	2.10	1.68	1.81	0.82	0.34	0.20	0.00
	0.25	0	115.16	32.22	4.62	3.55	1.73	0.83	0.42	0.41	0.77	0.66
	0.25	0.25	206.13	67.40	10.70	2.42	1.72	2.18	1.34	0.44	0.29	0.59
	0.25	1	452.47	96.42	11.51	3.63	1.36	1.86	1.19	0.15	0.44	0.53
	0.25	5	471.92	110.74	15.73	3.60	1.66	2.18	1.04	0.45	0.72	1.54
	1	0	321.48	117.26	15.95	3.15	2.71	0.82	1.40	1.28	0.33	0.82
	1	0.25	243.66	96.95	20.39	6.25	3.29	2.34	1.98	0.79	0.00	0.45
	1	1	293.78	155.37	18.68	4.35	3.07	2.01	1.04	1.13	1.02	0.66
	1	5	291.80	113.64	15.98	5.47	1.92	2.17	1.67	1.47	0.28	0.36
	5	0	14.83	10.31	3.31	0.88	1.00	1.22	0.37	0.19	0.16	0.86
	5	0.25	17.25	15.79	2.01	3.48	0.43	1.60	1.39	0.37	0.11	0.56
	5	1	38.67	31.45	4.01	0.91	1.95	2.12	0.82	0.56	0.45	0.49
	5	5	25.22	15.13	2.20	2.90	0.44	1.34	0.51	0.17	0.08	0.33

表 9-4 不同 La 和 Cd 浓度下日花 2 号花生根系形态

品种	Cd 浓度/(μmol·L⁻¹)	La 浓度/(μmol·L⁻¹)	不同直径根长度/cm									
			0<d≤0.5 mm	0.5<d≤1.0 mm	1.0<d≤1.5 mm	1.5<d≤2.0 mm	2.0<d≤2.5 mm	2.5<d≤3.0 mm	3.0<d≤3.5 mm	3.5<d≤4.0 mm	4.0<d≤4.5 mm	d>4.5 mm
日花2号	0	0	51.60	139.13	17.65	11.50	3.30	1.50	1.21	0.22	0.78	1.52
		0.25	132.55	149.69	17.06	3.59	2.54	1.78	0.67	1.07	1.47	0.48
		1	136.92	182.52	17.62	8.02	2.76	2.12	1.08	0.53	0.78	0.99
		5	49.27	57.68	11.40	2.49	1.02	1.48	0.26	0.70	0.35	0.49
	0.25	0	163.79	235.56	33.42	12.65	5.09	1.79	0.72	0.63	0.84	2.13
		0.25	233.49	113.74	22.66	3.69	1.50	1.22	1.11	0.81	0.90	1.25
		1	294.37	243.89	33.79	5.61	5.02	1.33	1.00	1.37	0.05	1.18
		5	108.85	228.59	34.60	13.87	6.23	1.56	1.27	0.19	0.42	2.30
	1	0	24.72	170.33	19.50	11.26	4.73	1.65	0.36	0.57	0.31	2.75
		0.25	152.43	195.68	28.66	12.23	4.79	1.87	1.07	0.64	0.40	2.47
		1	26.16	89.83	11.92	5.85	4.98	2.17	1.84	0.06	0.00	2.73
		5	105.60	264.02	35.99	9.71	5.70	2.18	1.87	1.36	0.94	3.41
	5	0	2.44	9.32	2.09	1.32	2.30	0.31	0.22	0.86	0.45	0.44
		0.25	0.98	3.49	2.03	0.55	0.44	1.01	0.87	0.00	0.12	0.91
		1	16.01	70.24	7.94	1.95	1.03	0.76	1.35	1.27	0.00	1.14
		5	6.29	26.70	6.63	1.29	1.26	0.52	1.10	0.09	0.48	1.92

9.2.3 花生植株内叶绿素含量的比较

图9-1和图9-2所示为青花6号和日花2号花生在La和Cd不同浓度相互作用下总叶绿素含量的变化。在Cd浓度为0 μmol/L时，随着La浓度的升高，两个花生品种叶绿素含量均升高，当La浓度达到最大值时，叶绿素含量才有下降的趋势；在Cd浓度逐渐升高的同时升高La的浓度，可以缓解Cd对花生的毒害，表现为叶绿素含量的升高；当La浓度为0 μmol/L时，随着Cd浓度的升高，花生叶绿素含量也随之增加，而当La浓度和Cd浓度同时达到最大值时，青花6号花生叶绿素含量呈现下降趋势，可能在此浓度下会出现拮抗作用；随着Cd浓度的升高，日花2号花生比青花6号花生的耐受性差，在任意Cd浓度中，叶绿素含量均比青花6号花生的叶绿素含量少，两个花生品种间存在一定的差异性。

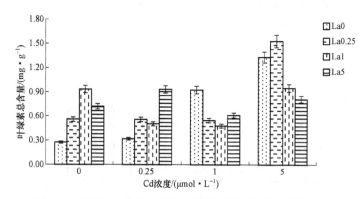

图9-1 不同La和Cd浓度对青花6号叶绿素含量的影响

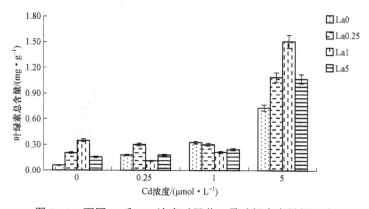

图9-2 不同La和Cd浓度对日花2号叶绿素含量的影响

9.2.4 花生植株内抗氧化酶活性的比较

9.2.4.1 花生植株内 SOD 活性的比较

花生植株内 SOD 活性的比较如图 9-3～图 9-6 所示。

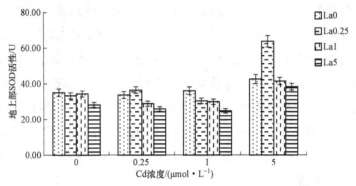

图 9-3 不同 La 和 Cd 浓度对青花 6 号地上 SOD 的影响

（注：SOD 活性单位 U 为 $\Delta A_{560} \cdot min^{-1} \cdot (g\,FW)^{-1}$）

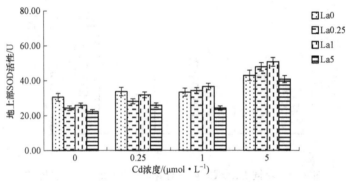

图 9-4 不同 La 和 Cd 浓度对日花 2 号地上 SOD 的影响

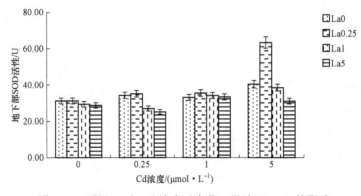

图 9-5 不同 La 和 Cd 浓度对青花 6 号地下 SOD 的影响

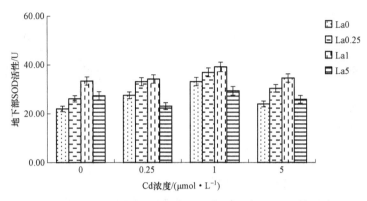

图 9-6 不同 La 和 Cd 浓度对日花 2 号地下 SOD 的影响

从图 9-3～图 9-6 可以看出不同 La 和 Cd 浓度对青花 6 号和日花 2 号花生植株内 SOD 活性的影响。青花 6 号花生植株内 SOD 的活性在 Cd 浓度和 La 浓度都升高的情况下呈现增加的趋势；在地上部，随着 Cd 浓度的增加，日花 2 号花生 SOD 活性升高，而地下部 SOD 则表现不明显。由此可以看出两个花生品种间存在着差异性。青花 6 号和日花 2 号花生地上、地下 SOD 活性均在一定范围内，相互之间不存在较大差异，表明在 La 和 Cd 同时作用下对花生 SOD 的影响是一致的，不存在地上与地下间的差异。整体上变化趋势不明显，只在 Cd 浓度为 5 μmol/L 时，SOD 才有一定程度的变化。

9.2.4.2 花生植株内 POD 活性的比较

花生植株内 POD 活性的比较如图 9-7～图 9-10 所示。

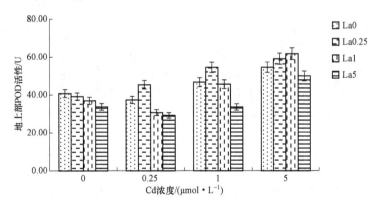

图 9-7 不同 La 和 Cd 浓度对青花 6 号地上 POD 的影响

（注：POD 活性单位 U 为 $\Delta A_{470} \cdot \min^{-1} \cdot (\mathrm{g\,FW})^{-1}$）

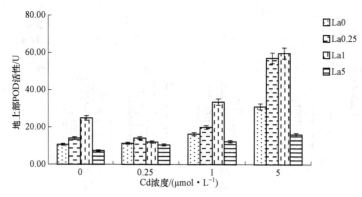

图9-8 不同 La 和 Cd 浓度对日花 2 号地上 POD 的影响

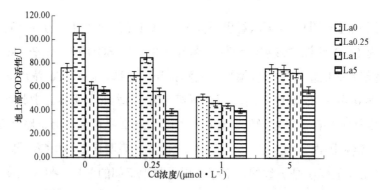

图9-9 不同 La 和 Cd 浓度对青花 6 号地下 POD 的影响

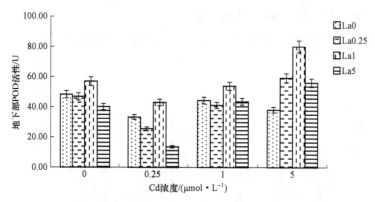

图9-10 不同 La 和 Cd 浓度对日花 2 号地下 POD 的影响

从图 9-7~图 9-10 可以看出，不同浓度 La 和 Cd 对青花 6 号和日花 2 号花生地上、地下 POD 活性变化有一定程度的影响。总体上，在 Cd 浓度和 La 浓度都升高时，青花 6 号花生和日花 2 号花生地上部 POD 活性均有增加的趋势；而地下部 POD 活性呈现先稍稍降低后升高的趋势。青花 6 号花生和日花 2 号花生品种变化则不同，当 La 和 Cd 浓度同时增加时，青花 6 号花生品种的地上、地下 POD 活性均大于日花 2 号花生品种，这表明青花 6 号花生比日花 2 号花生对 Cd 毒害有较高的耐受性，两个花生品种间在过氧化物酶活性方面存在着一定的差异性；同一品种地上、地下 POD 活性也存在着差异性，地下 POD 活性明显高于地上的。

9.2.4.3 花生植株内 CAT 活性的比较

花生植株内 CAT 活性的比较如图 9-11～图 9-14 所示。

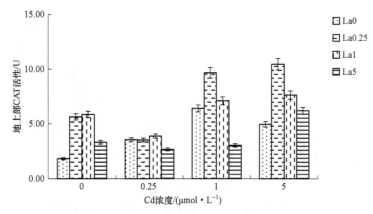

图 9-11 不同 La 和 Cd 浓度对青花 6 号地上 CAT 的影响

（注：CAT 活性单位 U 为 $\Delta A_{240} \cdot min^{-1} \cdot (g\ FW)^{-1}$）

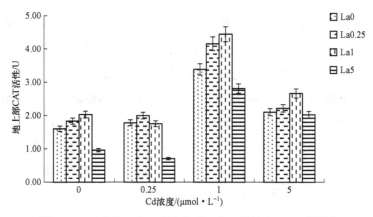

图 9-12 不同 La 和 Cd 浓度对日花 2 号地上 CAT 的影响

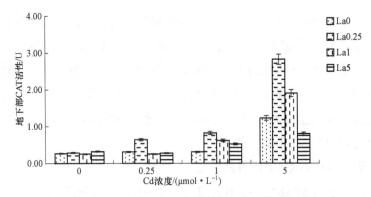

图9-13 不同La和Cd浓度对青花6号地下CAT的影响

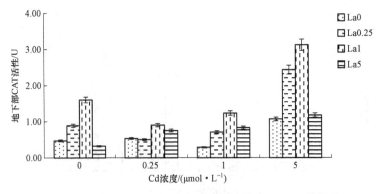

图9-14 不同La和Cd浓度对日花2号地下CAT的影响

从图9-11～图9-14可以看出，不同La和Cd浓度对青花6号和日花2号花生的CAT活性会产生一定程度的变化。随着Cd浓度和La浓度增加，青花6号花生的CAT活性也随之增大，地上部CAT活性在La浓度达到最大值5 μmol/L时，也达到每个Cd浓度下的最大值；日花2号花生地上CAT活性随着Cd的加入，变化趋势为先升高后降低，随着La浓度的升高，地上CAT活性有明显下降趋势，表明高浓度的La会对CAT活性造成一定的影响，而两个花生品种地下CAT活性均比地上CAT活性低，表明地下部受La和Cd影响较大，只在La浓度为5 μmol/L时，CAT活性才有所升高，说明高浓度的La会缓解高浓度的Cd毒害效应。由此表明，在La和Cd的相互作用下，同一品种花生的地上、地下CAT活性不同，不同品种之间也存在着差异性。

9.2.5　花生植株内 Cd 含量的分析

9.2.5.1　花生地上 Cd 含量的分析

图 9-15 为不同 La 和 Cd 浓度下青花 6 号地上 Cd 含量的变化趋势。整体趋势是，随着 Cd 浓度的升高，青花 6 号花生植株地上 Cd 含量增加。而在每个 Cd 浓度下，La 浓度的升高使花生植株地上 Cd 含量有较为明显的增加趋势，这表明在一定浓度下，La 能缓解 Cd 对花生产生的毒害作用。

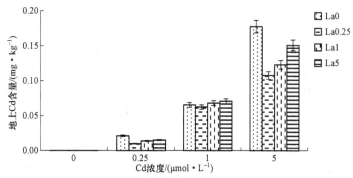

图 9-15　不同 La 和 Cd 浓度对青花 6 号地上 Cd 含量的影响

图 9-16 为不同 La 和 Cd 浓度下日花 2 号地上 Cd 含量的变化趋势。整体趋势与青花 6 号花生的一致，均是随着 Cd 浓度的升高而增加，日花 2 号花生的变化幅度较大，在 Cd 浓度为 5 μmol/L 时，植株地上 Cd 含量迅速升高，La 浓度最高时 Cd 含量达到最大值。两个花生品种间存在着差异性，青花 6 号表现较为平缓，日花 2 号则反应较为迅速，这表明日花 2 号受 Cd 毒害的耐受性弱，被 Cd 胁迫程度较青花 6 号的大，青花 6 号的耐受性较强，受 Cd 胁迫较小。

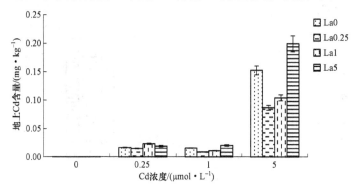

图 9-16　不同 La 和 Cd 浓度对日花 2 号地上 Cd 含量的影响

9.2.5.2 花生地下 Cd 含量的分析

图 9-17 是在不同 La 和 Cd 浓度下青花 6 号地下 Cd 含量的变化情况。从图中可以看出，在 Cd 浓度为 5 μmol/L 时，青花 6 号花生植株地下 Cd 含量迅速升高，并且在 La 浓度为 0 μmol/L 时达到最大值，之后随着 La 浓度的升高，Cd 含量呈降低的趋势。这表明高浓度的 La 也会对花生产生一定的抑制作用。

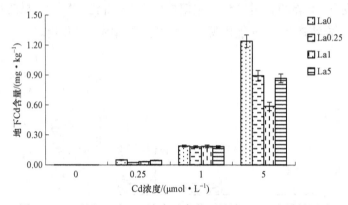

图 9-17　不同 La 和 Cd 浓度对青花 6 号地下 Cd 含量的影响

图 9-18 是在不同 La 和 Cd 浓度下日花 2 号地下 Cd 含量的变化趋势。从图中可以看出，日花 2 号花生与青花 6 号花生的 Cd 含量变化趋势一致，均是在 Cd 浓度为 5 μmol/L 时达到最大值。整体上，青花 6 号和日花 2 号花生地下 Cd 含量随着 Cd 浓度的升高而增大，并且增大趋势明显。在 Cd 浓度为 5 μmol/L 时，青花 6 号花生的 Cd 含量低于日花 2 号的 Cd 含量，说明两个品种间有一定差异性。

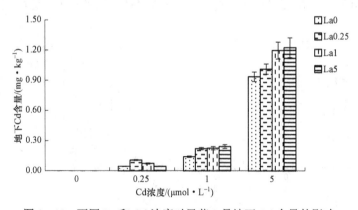

图 9-18　不同 La 和 Cd 浓度对日花 2 号地下 Cd 含量的影响

9.2.6 花生植株 Cd 累积量的比较

9.2.6.1 花生地上 Cd 累积量的比较

图 9-19 为不同 La 和 Cd 浓度下青花 6 号地上 Cd 累积量的变化。由图可以看出，随着 Cd 浓度的升高，花生植株内 Cd 累积量增加，在 Cd 浓度为 5 μmol/L、La 浓度为 0 μmol/L 时，Cd 累积量达到最大值，并随着 La 浓度的升高而迅速下降，在低浓度 Cd 时，La 浓度的升高会增加植株内的 Cd 累积量，表明两者之间有一定的协同作用。

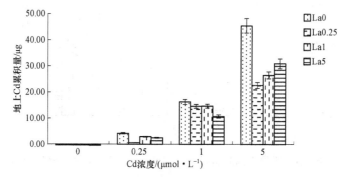

图 9-19 不同 La 和 Cd 浓度对青花 6 号地上 Cd 累积量的影响

图 9-20 为不同 La 和 Cd 浓度下日花 2 号地上 Cd 累积量的变化。由图可以看出，日花 2 号与青花 6 号花生的变化情况一致，均是在 Cd 浓度为 5 μmol/L、La 浓度为 0 μmol/L 时达到最大值。日花 2 号的最大值小于青花 6 号的最大值，这表明两个花生品种间有一定的差异性，日花 2 号对 Cd 的累积量小于青花 6 号，总体而言，地上 Cd 累积量是较少的。

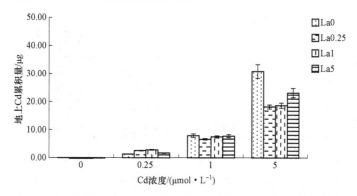

图 9-20 不同 La 和 Cd 浓度对日花 2 号地上 Cd 累积量的影响

9.2.6.2 花生地下 Cd 累积量的比较

图 9-21 为不同 La 和 Cd 浓度下青花 6 号地下 Cd 累积量的变化。由图可以看出，随着 Cd 浓度的升高，青花 6 号地下 Cd 累积量呈上升的趋势，在 Cd 浓度为 1 μmol/L 时，变化趋势尤为明显，La 浓度的升高使 Cd 累积量增加；而 Cd 浓度为 5 μmol/L 时，Cd 累积量达到最大值，并且随 La 浓度的升高而逐渐减小。表明在一定的 La 浓度下，可缓解 Cd 毒害作用。

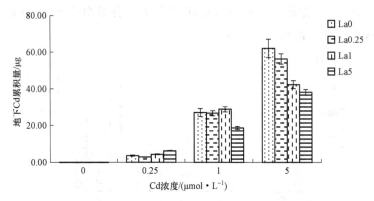

图 9-21　不同 La 和 Cd 浓度对青花 6 号地下 Cd 累积量的影响

图 9-22 为不同 La 和 Cd 浓度下日花 2 号地下 Cd 累积量的变化。由图可以看出，日花 2 号和青花 6 号累积量的变化趋势一致，均随着 Cd 浓度的升高而增加。在 Cd 浓度为 0.25 μmol/L 时，Cd 累积量出现上升趋势，而在 Cd 浓度为 5 μmol/L 时，Cd 累积量达到最大值，并随 La 浓度的升高而升高。表明在一定浓度下，两者间有一定的协同作用。

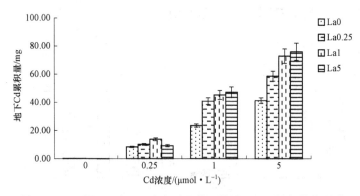

图 9-22　不同 La 和 Cd 浓度对日花 2 号地下 Cd 累积量的影响

9.2.7 花生 Cd 转移系数的分析

表 9−5 所示为在不同 La 和 Cd 浓度下，青花 6 号和日花 2 号花生 Cd 地上累积量与地下累积量之间转移系数的分析。青花 6 号在 Cd 浓度为 1 μmol/L、La 浓度为 5 μmol/L 时，转移系数达到最大值；日花 2 号在 Cd 浓度为 0.25 μmol/L 时，转移系数最大。整体上青花 6 号数值比日花 2 号的大，La 对青花 6 号的作用较大，Cd 转移系数数值范围大于日花 2 号，Cd 转运能力较强。表明青花 6 号花生对 Cd 的耐受性强于日花 2 号花生的耐受性。

表 9−5　不同 La 和 Cd 处理下 Cd 转移系数

品种	Cd 浓度/（μmol·L⁻¹）	La 浓度/（μmol·L⁻¹）	Cd 转移系数
青花 6 号	0	0	—
		0.25	—
		1	—
		5	—
	0.25	0	0.420 8
		0.25	0.121 2
		1	0.418 1
		5	0.332 3
	1	0	0.368 7
		0.25	0.344 1
		1	0.367 3
		5	0.454 5
	5	0	0.143 1
		0.25	0.120 7
		1	0.209 6
		5	0.173 7

品种	Cd 浓度/($\mu mol \cdot L^{-1}$)	La 浓度/($\mu mol \cdot L^{-1}$)	Cd 转移系数
日花 2 号	0	0	—
		0.25	—
		1	—
		5	—
	0.25	0	0.145 0
		0.25	0.136 1
		1	0.313 3
		5	0.204 7
	1	0	0.039 3
		0.25	0.166 6
		1	0.046 0
		5	0.125 8
	5	0	0.163 1
		0.25	0.072 4
		1	0.103 1
		5	0.162 8

9.3 小　结

低浓度 La 促进 Cd 胁迫下花生根长、株高和生物量，在较高 Cd 浓度下表现不明显。

在不同浓度 La 和 Cd 的相互作用下，花生的总根长和总表面积减小，平均直径增加。对两个花生品种叶绿素的影响分析中，低浓度 La 促进 Cd 胁迫下花生叶绿素的合成，SOD、POD、CAT 活性存在不同程度的变化趋势。La 在较高浓度下对 Cd 胁迫的花生 SOD 和 POD 活性有一定程度的促进，而一定范围浓度的 La 溶液对低浓度下的 Cd 胁迫花生的 CAT 活性也有促进作用。

不同 Cd 浓度下，随着 La 浓度的升高，青花 6 号和日花 2 号花生 Cd 含量有一定变化，Cd 浓度升高，地上、地下的 Cd 含量均会上升，地上 Cd 含量小于地下 Cd 含量；La 溶液的加入会降低花生植株内的 Cd 含量，使花生植株内的 Cd 含量明显小于不添加 La 时的量。随着 La 浓度的升高，缓解 Cd 毒害的现象稍有下降，日花 2 号花生的 Cd 含量还会高于对照。

在不同 La 和 Cd 浓度下，花生 Cd 累积量有一定程度变化趋势，在 Cd 浓度为 5 μmol/L 时，地上、地下 Cd 累积量均有明显的升高，表明随着 Cd 浓度的升高，花生植株内 Cd 累积量是增高的，花生是受到 Cd 胁迫的。花生 Cd 转移系数表明地下 Cd 会不同程度地转移至地上，地下 Cd 含量要大于地上 Cd 含量，青花 6 号的 Cd 转移系数大于日花 2 号，表明青花 6 号对 Cd 的转运能力较强，对 Cd 的耐受性强。

第 10 章

研究结论、创新点与展望

10.1 研 究 结 论

花生是我国主要的油料作物和植物蛋白质来源，花生籽粒 Cd 富集问题已受到越来越多的关注。本研究旨在揭示花生品种间 Cd 吸收、运输、积累分配的基因型差异，以及花生根系形态特征、分泌特性、抗氧化酶系统活性与花生 Cd 毒性和籽粒 Cd 积累的关系，为 Cd 污染环境下花生安全生产提供科学依据。主要研究结果如下：

（1）花生籽粒 Cd 含量存在极显著的品种间遗传差异（$P<0.01$）。在无 Cd 污染土壤（Cd 浓度 0.03 mg/kg）环境下，60 个供试花生品种的籽粒 Cd 含量范围为 0.015～0.093 mg/kg，平均为 0.054 mg/kg，变异系数为 33.0%，最高与最低含量值之间相差 6.31 倍；在 Cd 污染土壤（Cd 浓度 2.05 mg/kg）环境下，花生籽粒 Cd 含量范围为 0.75～3.21 mg/kg，平均为 2.09 mg/kg，变异系数为 27.8%，最高与最低含量值之间相差 4.28 倍。通过聚类分析，可将花生籽粒 Cd 积累水平分为 5 类，其中籽粒 Cd 高积累型品种（Ⅰ类）包括白沙 1016、豫花 14 和东花 5 号；籽粒 Cd 低积累型品种（Ⅴ类）有白衣天使、百日红和丰花 3 号。花生籽粒 Cd 含量与籽粒粗蛋白含量之间呈显著正相关性。以籽粒 Cd 高积累品种（Ⅰ类）白沙 1016 和籽粒 Cd 低积累品种（Ⅳ类）青花 6 号为材料，进一步研究了土壤类型对花生 Cd 积累特性的影响。结果表明，在黏质砂姜黑土和沙壤质潮土环境下，两个花生品种根系、茎叶和籽粒 Cd 含量均随土壤 Cd 处理浓度的提高而极显著提高，其中白沙 1016 各部位 Cd 含量提高幅度又显著高于青花 6 号。砂姜黑土花生对 Cd 的吸收和累积量略高于潮土花生，土类间差异不显著，但砂姜黑土花生籽粒 Cd 含量显著高于潮土花生。

（2）花生对 Cd 胁迫的生理响应存在显著的遗传差异。4 个品种的茎叶和根生物量都在 Cd 处理浓度为 5 μmol/L 时最大，但随着 Cd 处理浓度升高，日花 2 号和丰花 3 号茎叶和根生物量下降幅度显著大于青花 6 号，白沙 1016 生物量下降幅度居中。花生茎叶叶绿素 a、b 含量均随 Cd 处理浓度的提高而呈下降趋势，但白沙 1016 叶绿素 a 含量下降幅度最小。根系活力随 Cd 处理浓度提高而下降的幅度以青花 6 号最小，白沙 1016 和日花 2 号最大。青花 6 号根细胞膜透性和丙二醛含量受 Cd 胁迫影响不显著，其他 3 个品种根细胞膜透性和丙二醛含量均随 Cd 处理浓度升高而显著升高，其中白沙 1016 和日花 2 号变化最大。茎叶细胞膜透性和丙二醛含量均随 Cd 处理浓度升高而显著升高，青花 6 号变化幅度相对较小。丰花 3 号和青花 6 号叶片与根系 SOD 和 POD 活性均随 Cd 处理浓度升高而呈显著升高趋势，而白沙 1016 和青花 2 号叶片与根系 SOD 和 POD 活性变化完全不同，呈先升后降趋势，在 Cd 处理浓度为 20 μmol/L 时达到最大值。花生叶片和根系 CAT 活性随 Cd 处理浓度升高呈先升后降趋势，在 Cd 处理浓度为 20 μmol/L 时达到最大值，其中丰花 3 号 CAT 活性峰值最高，青花 6 号次之，白沙 1016 和日花 2 号最小。花生茎叶和根系 Cd 累积量均随 Cd 处理浓度升高而显著增加，茎叶 Cd 累积量大小顺序为日花 2 号＞白沙 1016＞青花 6 号＞丰花 3 号；根系 Cd 累积量大小顺序为青花 6 号≥日花 2 号＞白沙 1016＞丰花 3 号；Cd 转移系数大小顺序为白沙 1016≈日花 2 号＞丰花 3 号≥青花 6 号。上述结果表明，目前还难以用某一指标来判断花生对 Cd 胁迫的敏感性。

（3）在 Cd 胁迫条件下，不同基因型花生的根系形态和根分泌特性变化存在显著的遗传差异性。4 个供试花生品种的根冠比（根系与茎叶生物量比值）为青花 6 号＞丰花 3 号≥白沙 1016＞日花 2 号。随着 Cd 处理浓度提高，根冠比呈现先增后降趋势，白沙 1016 对 Cd 胁迫的反应最敏感，日花 2 号和丰花 3 号次之，青花 6 号相对钝感。花生根系总长度为白沙 1016≈日花 2 号＞青花 6 号≈丰花 3 号，直径小于 1 mm 的根的根长在总根长中所占比例最高。随着 Cd 处理浓度提高，根系总长度显著降低，其中日花 2 号降幅最大。根系表面积为青花 6 号≈日花 2 号＞白沙 1016＞丰花 3 号，直径为 0.5～1 mm 及大于 2 mm 的根系表面积在总根表面积中所占比例最高。随着 Cd 处理浓度提高，根系表面积显著降低，其中青花 6 号和日花 2 号降幅最大。根体积为青花 6

号≈日花 2 号＞白沙 1016≥丰花 3 号，随着 Cd 处理浓度提高，日花 2 号根体积极显著降低，其他 3 个品种均呈先增后降趋势，其中青花 6 号变幅最大。根平均直径为青花 6 号＞日花 2 号≥白沙 1016≈丰花 3 号，Cd 胁迫浓度对花生根系平均直径的影响不明显。总根尖数为日花 2 号＞白沙 1016＞青花 6 号＞丰花 3 号，根径小于 0.5 mm 的根尖数在总根尖数中所占比例最高。随着 Cd 处理浓度提高，总根尖数显著减少，其中日花 2 号降幅最大，白沙 1016 次之。总体而言，花生根系不同种类有机酸分泌量多少的顺序为苹果酸≫酒石酸＞草酸；花生品种间，苹果酸分泌量为日花 2 号≫白沙 1016＞丰花 3 号＞青花 6 号，酒石酸分泌量为白沙 1016≈花育 3 号＞青花 6 号≥日花 2 号，草酸分泌量为丰花 3 号≫日花 2 号＞白沙 1016≈青花 6 号。加 Cd 处理后，3 种有机酸分泌量均有不同程度的增加，其中苹果酸分泌量增加最大，草酸次之，酒石酸分泌增加量最少。花生品种之间，Cd 胁迫诱导的有机酸分泌增量最大的为日花 2 号，其后依次为白沙 1016、丰花 3 号和青花 6 号。根系苹果酸分泌量与花生 Cd 吸收量呈显著正相关性，对 Cd 的迁移系数无明显影响；酒石酸和草酸分泌量与花生 Cd 吸收量呈显著负相关性，与 Cd 转移系数呈极显著正相关性。

（4）Cd 在花生植株中的浓度分配为根≫叶＞茎。在根细胞中，Cd 主要存在于可溶性组分中（50%～60%），其次是与细胞壁结合，细胞器中的 Cd 浓度最低。在叶和茎细胞中，Cd 主要与细胞壁结合（50%～70%），其次分布在细胞器中，可溶性组分 Cd 含量最低。随着 Cd 处理浓度提高，细胞中各组分 Cd 浓度均显著提高，其中根细胞中 3 种组分 Cd 的增加幅度最大。在两个供试花生品种中，白沙 1016 根和叶细胞中 3 种组分 Cd 的含量随 Cd 处理浓度增加而增加的幅度显著大于青花 6 号；在茎细胞中，细胞壁和细胞器组分 Cd 含量随 Cd 处理浓度而增加的幅度为白沙 1016 显著高于青花 6 号，可溶性组分 Cd 含量变化在品种间差异不大。Cd 在根细胞中主要以 1 mol/L NaCl 提取态（F_{NaCl}，果胶和蛋白质结合 Cd）和 2% 醋酸提取态（F_{HAc}，难溶性磷酸盐结合 Cd）为主，0.6 mol/L 盐酸提取态（F_{HCl}，草酸盐结合 Cd）、80%乙醇提取态（F_E，无机盐结合 Cd）和去离子水（F_W）提取态 Cd 含量较低；在叶细胞中，不同形态 Cd 的浓度顺序为 $F_{HAc}＞F_{NaCl}＞F_W＞F_E＞F_{HCl}$；在茎细胞中，Cd 浓度顺序为 $F_{NaCl}＞F_W＞F_{HAc}＞F_E≥F_{HCl}$。随着 Cd 处理浓度的提高，细胞中 5 种形态 Cd 的浓度均显著增加，其中白沙 1016 品种各部位细胞中 5 种形态 Cd 含量随 Cd 处理浓度而增加的幅度显著高于青花 6 号，尤其是根细胞中 $F_{NaCl}-Cd$ 和 $F_{HAc}-Cd$ 的增幅变化。由于白沙 1016 茎叶的水溶性 Cd 浓度均明显高于青花 6 号，有利于茎叶 Cd 通过韧皮部向籽粒的运输，这可能是导致两个花生品种籽粒 Cd 含量差异的重要原因之一。如在田间微区实验中，当土壤 Cd 含量为背景值（0.03 mg/kg）水平时，白沙 1016 籽粒 Cd 含量为 0.093 mg/kg，是青花 6 号籽粒 Cd 含量的 3.73 倍；当土壤 Cd 含量为 2.05 mg/kg 时，白沙 1016 籽粒 Cd 含量为 1.57 mg/kg，为青花 6 号籽粒 Cd 含量的 2.91 倍。

（5）在水培条件下，培养液 pH 为 5 时，花生株高受 Cd 处理浓度的影响很小；pH 为 6～8 时，花生株高整体上随培养液 Cd 浓度升高而降低，其中 pH 为 7～8 时对花生株高生长的抑制效应最为显著。pH 为 5～6 时，花生根长受 Cd 处理浓度的影响不显著；pH 为 8～9，花生根长随培养液 Cd 浓度升高而显著降低。随着培养液 pH 升高，花生根系和茎叶中 Cd 含量呈极显著提高，其中根系 Cd 含量升高的幅度又显著大于茎叶，高 Cd 处理（1 μmol/L）的影响尤为突出。茎叶 Cd 与根系 Cd 含量的比值（转移系数）为低 Cd（0.05 μmol/L）处理高于高 Cd（1 μmol/L）处理，溶液 pH 的提高促进了低 Cd（0.05 μmol/L）处理花生根系 Cd 向茎叶的迁移效率。根据上述结果推论，在低 pH 溶液环境中，由于 H^+ 与 Cd^{2+} 的竞争作用，花生对溶液 Cd 的吸收量减少；而在高 pH 溶液中，H^+ 与 Cd^{2+} 的竞争性减弱，Cd 毒性增强，对花生根系和茎叶生长的抑制作用显著，伴随着生物浓缩效应增强，花生植株 Cd 含量显著升高。

（6）从 Cd 污染土壤中分离出高耐镉细菌 *Burkholderia* sp. 和真菌 *Penicillium* sp.。通过接种 *Burkholderia* sp. 和 *Penicillium* sp.，可显著降低碱性砂浆黑土的 pH，提高土壤中 Cd 的生物有效性。同时，接种 *Burkholderia* sp. 和 *Penicillium* sp. 微生物能显著促进花生生长，与不接种微生物的对照相比，花生白沙 1016 茎叶干重分别增加了 10.3% 和 33.29%，根干重分别增加了 16.3% 和 33.5%；花生青花 6 号茎叶干重分别增加了 8.3% 和 18.3%，根干重分别增加了 18.2% 和 27.2%。伴随土壤 Cd 有效性与花生植株生物量的同步增加，花生对 Cd 的吸收量显著提高，因此，如果将花生作为 Cd 污染土壤的修复植物，接种 *Burkholderia* sp. 和 *Penicillium* sp. 微生物将显著提高花生的修复效率。

10.2 创 新 点

（1）对我国南北花生主产区主要生产品种和近年创制的最新花生育种材料共计 60 个品种（品系）在清洁和污染土壤环境下的籽粒 Cd 积累特性进行了比较研究，根据花生籽粒 Cd 含量进行了分类，明确了花生籽粒 Cd 含量的基因型差异性，以及花生籽粒 Cd 与籽粒蛋白质含量之间的关系，为土壤污染环境下的花生生产布局提供了科学依据。研究发现花生籽粒高蛋白含量是花生籽粒 Cd 高积累的主要原因之一。

（2）从花生根系形态特征、分泌特性、Cd 胁迫下花生的生理学响应及 Cd 在花生亚细胞中的形态分布等多个方面，深入研究了花生在 Cd 吸收、迁移和籽粒中富集的品种间差异形成机制，明确花生对 Cd 的生理耐受性与花生籽粒镉积累特性无显著相关性，花生根系总长度、苹果酸分泌量等是决定花生根系 Cd 吸收能力的重要参数，对 Cd 的迁移系数无明显影响；根系酒石酸分泌量与根 Cd 向茎叶的迁移率呈显著正相关，茎叶中水溶性组分 Cd 含量对花生籽粒 Cd 含量具有重要影响。因此得出结论，导致花生籽粒 Cd 含量品种间差异形成的原因是花生根系 Cd 吸收能力与花生植株 Cd 迁移效率差异两者的共同作用。

（3）花生茎叶和籽粒对环境 Cd 有较强的富集能力，发掘花生对 Cd 污染土壤的修复潜力具有十分重要的现实意义。本研究从 Cd 污染土壤中分离出高耐镉细菌 *Burkholderia* sp.和真菌 *Penicillium* sp.（Genbank 登录号分别为 JF807950 和 JF807949）。实验证实，接种 *Burkholderia* sp.和 *Penicillium* sp.可显著降低土壤 pH，提高土壤 Cd 的生物有效性，同时能促进花生生长，显著提高花生生物量及其对土壤 Cd 的吸收积累能力。因此，将花生作为 Cd 污染土壤的修复植物，接种 *Burkholderia* sp.和 *Penicillium* sp.微生物将显著提高花生的修复效率。

10.3 展 望

（1）不同基因型花生 Cd 胁迫下，根系分泌物含量差异显著，但植物根系与土壤环境间的交互作用受多种因素影响，因此，不同基因型花生根际土壤中 Cd 生物有效性的变化有待进行更深入的探讨。

（2）同一花生品种在不同土壤类型中 Cd 吸收分配差异显著，但不同土壤类型影响花生 Cd 吸收的主要因素有待进行更深入的研究。

（3）本实验中只研究了 pH 对花生 Cd 吸收的影响，其他伴随离子如 Ca^{2+}、Mg^{2+}、K^+、Na^+ 等对花生 Cd 吸收的影响需要进一步的研究。

附录 1 60 个花生品种

编号	花生品种	类型	产地	粗蛋白含量/%
1	H105−3			26.45
2	TB−2−1			25.64
3	白沙 1016	珍珠豆型	广东	26.66
4	白衣天使	珍珠豆型		20.12
5	百日红	多粒型		21.20
6	东花 4 号	普通型	江苏	26.90
7	东花 5 号	普通型	江苏	30.90
8	丰花 3 号	中间型	山东	23.80
9	丰花 4 号	珍珠豆型	山东	26.70
10	丰花 5 号	普通型	山东	23.91
11	丰花 6 号	普通型	山东	25.48
12	海花 1 号	中间型	山东	25.40
13	黑优 1 号			22.35
14	红优 2 号			21.34
15	花育 17	中间型	山东	24.56
16	花育 19	普通型	山东	28.60
17	花育 20	普通型	山东	24.58
18	花育 22	普通型		24.30
19	花育 23	珍珠豆型	山东	22.90
20	花育 25	普通型	山东	25.20
21	花育 28		山东	26.20

编号	花生品种	类型	产地	粗蛋白含量/%
22	花育 31		山东	25.00
23	冀花 05-6		河北	20.11
24	冀花 4 号	普通型	河北	18.45
25	冀花 5 号		河北	19.86
26	开农 41		河南	23.94
27	莱农 29		山东	26.78
28	鲁花 11	中间型	山东	28.00
29	鲁花 13	珍珠豆型	山东	28.00
30	蓬莱一窝猴	珍珠豆型	山东	23.40
31	祁阳小籽		湖南	25.87
32	青花 1 号			29.10
33	青花 5 号	中间型	山东	22.40
34	青花 6 号	珍珠豆型	山东	22.30
35	青花 7 号	普通型	山东	20.40
36	日花 2 号		山东	25.60
37	山花 15 号		山东	24.40
38	山花 6 号		山东	24.50
39	山花 7 号		山东	24.60
40	山花 9 号		山东	29.40
41	泰花 3 号			25.86
42	泰花 4 号			27.14
43	唐花 10 号			25.67
44	皖花 4 号	珍珠豆型	安徽	24.43
45	湘农 3010-w		湖南	24.65
46	湘农 312		湖南	24.19

编号	花生品种	类型	产地	粗蛋白含量/%
47	湘农小果 W2-7		湖南	24.75
48	邢花 5 号			25.09
49	徐花 13	中间型	江苏	23.99
50	豫花 11	中间型	河南	23.39
51	豫花 14	珍珠豆型	河南	28.94
52	豫花 15		河南	25.10
53	豫花 9326	普通型	河南	22.65
54	豫花黑 1 号		河南	24.91
55	远东 9102	珍珠豆型	河南	24.15
56	远杂 9307	珍珠豆型	河南	26.52
57	中花 4 号	珍珠豆型	广西	30.07
58	仲恺花 1	珍珠豆型	广东	25.42
59	仲恺花 10	珍珠豆型	广东	26.60
60	驻花 1 号	珍珠豆型	河南	24.70

附录 2　实验测定方法

实验 1　土壤重金属快速消解法

准确称取约 0.250 0 g 土壤样品（风干磨碎的土样过 100 目尼龙筛网，取筛下物，土壤粒径小于 0.149 mm），置于 50 mL 带盖和刻度的塑料离心管中，记录称样量，用适量的水湿润，加入 1.0 mL 盐酸、1.0 mL 硝酸和 2.0 mL 氢氟酸，摇匀，放入 125 ℃恒温石墨消解炉上，回流加热约 1 h，取下稍冷，用去离子水定容至 50 mL，摇匀，静置约 1 h 后，取上清液（离心或过滤均可）检测。

实验 2　植物抗氧化酶 SOD、POD、CAT 的活性测定

实验原理：

过氧化物酶（POD）活性测定采用氧化愈创木酚法。过氧化物酶催化过氧化氢，将愈创木酚（邻甲氧基苯酚）氧化（4-邻甲氧基苯酚量）为茶褐色，该产物在 470 nm 波长处有最大吸收值，因此可通过测波长 470 nm 下的吸光度值变化来测定过氧化物酶的活性。

过氧化氢酶（CAT）可催化过氧化氢（H_2O_2）分解为水和分子氧，从而减轻 H_2O_2 对组织的氧化伤害。过氧化氢在波长 240 nm 处具有吸收峰，利用紫外分光光度计可以检测 H_2O_2 含量的变化。根据反应过程中 H_2O_2 的消耗量可测定过氧化氢酶的活性。

超氧化物歧化酶（SOD）是含金属辅基的酶，高等植物中有 Mn-SOD 和 Cu/Zn-SOD。SOD 能够清除超氧阴离子自由基，从而减少自由基对植物的毒害。SOD 能通过歧化反应催化细胞中的超氧阴离子自由基和氢离子，生成 H_2O_2

和 O_2。H_2O_2 再由 CAT 进一步催化生成 H_2O 和 O_2。由于超氧阴离子自由基非常不稳定，寿命极短，常利用间接方法测定 SOD 活性。

本实验采用氮蓝四唑（NBT）光还原法。核黄素在光下被有氧化物质还原后，在氧化条件下氧化产生超氧阴离子自由基。超氧阴离子自由基在光下将氮蓝四唑（NBT）还原为蓝色的甲腙，甲腙在波长 560 nm 处有最大吸收峰；SOD 可清除超氧阴离子自由基，从而抑制了 NBT 的光还原反应，使甲腙生成速度减慢。反应液蓝色越深，吸光度值越大，SOD 活性越低；反之，SOD 活性越高，即酶活性与吸光度值成反比关系，据此可计算出酶活性的大小。通常将抑制 50% 的 NBT 光还原反应时所需的酶量作为一个酶活性单位（U）。

材料：

新鲜样品。

试剂配制：

（1）100 mmol/L pH 为 7.8 的磷酸氢二钠–磷酸二氢钠缓冲液（100 mmol/L pH 为 7.8 的 PBS）：取 A 液（取 0.1 mol/L Na_2HPO_4 即 17.91 g Na_2HPO_4，用少量蒸馏水溶解后定容至 500 mL）457.5 mL，取 B 液（取 0.1 mol/L NaH_2PO_4 即 3.9 g NaH_2PO_4，溶解后定容至 250 mL）42.5 mL，混匀成 500 mL，储于 4 ℃ 冰箱中保存。

（2）50 mmol/L pH 为 7.8 的磷酸氢二钠–磷酸二氢钠缓冲液：将 100 mmol/L pH 为 7.8 的磷酸氢二钠–磷酸二氢钠缓冲液稀释一倍。

（3）130 mmol/L 甲硫氨酸（Met）溶液：称取 1.939 9 g 甲硫氨酸，用 50 mmol/L pH 为 7.8 的磷酸氢二钠–磷酸二氢钠缓冲液溶解后，定容至 100 mL 棕色容量瓶中。储于 4 ℃ 冰箱中保存，可用 1～2 d。

（4）750 μmol/L 氮蓝四唑溶液：称取 0.061 3 g 氮蓝四唑，用 50 mmol/L pH 为 7.8 的磷酸氢二钠–磷酸二氢钠缓冲液溶解后，定容至 100 mL 棕色容量瓶中。储于 4 ℃ 冰箱中保存，可用 2～3 d。

（5）100 μmol/L 乙二胺四乙酸二钠（EDTA–Na_2）溶液：称取 0.037 2 g 乙二胺四乙酸二钠，用 50 mmol/L pH 为 7.8 的磷酸氢二钠–磷酸二氢钠缓冲液溶解后，定容至 100 mL 棕色容量瓶中，使用时稀释 100 倍，即为 1 μmol/L 乙二胺四乙酸二钠溶液。储于 4 ℃ 冰箱中保存，可用 8～10 d。

（6）20 μmol/L 核黄素溶液：称取 0.075 3 g 核黄素，用 50 mmol/L pH 为

7.8 的磷酸缓冲液溶解后，定容至 100 mL 棕色容量瓶中（用黑纸包瓶）。使用时稀释 100 倍，即为 0.2 μmol/L 核黄素溶液，现用现配。

（7）20 mmol/L 过氧化氢溶液：量取 227 μL 30%的过氧化氢，用 50 mmol/L pH 为 7.8 的磷酸氢二钠–磷酸二氢钠缓冲液溶解后，定容至 100 mL 棕色容量瓶中。

（8）25 mmol/L 愈创木酚溶液：量取 320 μL 愈创木酚，用 50 mmol/L pH 为 7.8 的磷酸氢二钠–磷酸二氢钠缓冲液定容至 100 mL 棕色容量瓶中，现用现配。

（9）250 mmol/L 过氧化氢溶液：量取 2.84 mL 30%的过氧化氢，用 50 mmol/L pH 为 7.8 的磷酸氢二钠–磷酸二氢钠缓冲液溶解后，定容至 100 mL 棕色容量瓶中，现用现配。

仪器：

量筒、棕色容量瓶、烧杯、玻璃棒、分析天平、药匙、研钵、试管、高速冷冻离心机、紫外可见分光光度计、离心管（10 mL）、日光灯、移液枪、冰箱、试剂瓶。

实验步骤：

1. 粗酶液的提取

称取适量鲜样，放到 4 ℃预冷的研钵中，用液氮磨碎，将 4 mL 磷酸缓冲液分次加入研钵中，直至样品全部转移至离心管中。于 4 ℃下 12 000 r/min 离心 10 min，上清液为粗酶液。

2. 过氧化氢酶活性的测定

取 20 mmol/L 过氧化氢溶液 3 mL 加入 10 mL 试管中，加入 50 μL 粗酶液并迅速混匀后转移至石英比色皿，在波长 240 nm（紫外可见分光光度计）处测定吸光度值 A，连续测定 1 min，记录初始值（$A_初$）和终止值（$A_终$）。

3. 超氧化物歧化酶活性的测定

酶反应体系加样次序为：50 mmol/L pH 为 7.8 的磷酸氢二钠–磷酸二氢钠缓冲液 1.5 mL、130 mmol/L 甲硫氨酸溶液 0.3 mL、750 μmol/L 氮蓝四唑溶液 0.3 mL、1 μmol/L 乙二胺四乙酸二钠溶液 0.3 mL、0.2 μmol/L 核黄素溶液 0.3 mL、酶液 0.1 mL、蒸馏水 0.2 mL（酶反应体系溶液体积共 3 mL 溶液），在玻璃管中充分混匀后，将试管在 4 000 lx 光下反应 8 min。其中设定两支试管作为对照（用蒸馏水代替酶液），混匀后将一支对照试管置于暗处，另一支对照试管和其他加酶液试管一起置于日光灯下反应 8 min，反应结束后立即避光。以不照光对照管作为空白参比，在波长 560 nm 处测定吸光度值。

4. 过氧化物酶活性的测定

反应体系加样次序依次为：25 mmol/L 愈创木酚溶液 3 mL、250 mmol/L 过氧化氢溶液 0.2 mL、酶液 0.1 mL，从加入酶液开始记录吸光度值，30 s 后再次记录反应体系在波长 470 nm 处的吸光度值。

计算公式：

1. 过氧化氢酶活性的计算

以每克鲜重（FW）样品每分钟吸光度变化 0.001 为 1 个过氧化氢酶活性单位（U），则 $U = \Delta A_{240} \cdot min^{-1} \cdot (g\,FW)^{-1}$。

计算公式为：

$$过氧化氢活性（U）= \frac{\Delta A_{240} \times V}{0.001 \times \Delta t \times V_S \times W}$$

式中，ΔA_{240} 为反应混合液的吸光度变化值（$A_{始} - A_{终}$）；Δt 为酶促反应时间（min）；V 为样品提取液总体积（mL）；W 为样品质量（g）。

2. 超氧化物歧化酶活性的计算

以每分钟每克鲜重（FW）样品的反应体系对氮蓝四唑光还原的抑制为 50%时为一个超氧化物歧化酶活性单位（U）。

计算公式为：

$$SOD 活性（U）= \frac{(A_C - A_S) \times V}{0.5 \times A_C \times V_S \times t \times W}$$

式中，A_C 为照光对照管反应液的吸光度值；A_S 为样品管反应液的吸光度值；V 为样品提取液总体积（mL）；V_S 为测定时所取样品提取液体积（mL）；t 为光照反应时间（min）；W 为样品质量（g）。

3. 过氧化物酶活性的计算

以每克鲜重（FW）样品每分钟吸光度变化值增加 0.001 时为 1 个过氧化物酶活性单位（U），则 $U = \Delta A_{470} \cdot min^{-1} \cdot (g\,FW)^{-1}$。

计算公式为：

$$过氧化物酶活性（U）= \frac{\Delta A_{470} \times V}{0.001 \times \Delta t \times V_S \times W}$$

式中，ΔA_{470} 为反应混合液的吸光度变化值；Δt 为酶促反应时间（min）；V 为样品提取液总体积（mL）；V_S 为测定时所取样品提取液体积（mL）；W 为样品质量（g）。

实验 3　植物体内可溶性蛋白质含量的测定（考马斯亮蓝 G–250 染色法）

实验原理：

用考马斯亮蓝 G–250 测定蛋白质含量属于染料结合法的一种。该染料在游离状态呈红色，在稀酸溶液中，当它与蛋白质的疏水区结合后变为青色，前者最大光吸收在 465 nm 波长处，后者在 595 nm 处。在一定蛋白质含量范围（1～1 000 μg）内，蛋白质与色素结合物在 595 nm 波长处的吸光度值与蛋白质含量成正比，故可用于蛋白质的定量测定。并且该反应十分迅速，2 min 左右即达到平衡。其结合物在室温下 1 h 内保持稳定。

材料：

新鲜植物样品。

试剂及配制：

（1）0.1 mol/L 磷酸缓冲液（pH 为 7.0），100 μg/mL 牛血清蛋白标准溶液，100 mg/L 考马斯亮蓝 G–250 试剂。

（2）100 μg/mL 牛血清蛋白标准溶液：称取 25 mg 牛血清蛋白，加蒸馏水溶解并定容至 100 mL，将此溶液稀释 2.5 倍即为 100 μg/mL 牛血清蛋白标准溶液。4 ℃下保存备用。

（3）100 mg/L 考马斯亮蓝 G–250 试剂：称取 100 mg 考马斯亮蓝 G–250 溶于 50 mL 95%乙醇中，加入 85%（m/V）磷酸 100 mL，最后用蒸馏水定容至 1 000 mL，过滤后储于在棕色瓶中。此溶液在常温下可放置 1 个月。

仪器：

分光光度计、高速冷冻离心机、研钵、离心管、容量瓶、试管、移液枪、分析天平。

实验步骤：

1. 标准曲线的制作

取 6 支 15 mL 具塞刻度试管，编号，按附表 2-1 依次加入 100 μg/mL 牛血清蛋白和蒸馏水，最后依次向各管中加入考马斯亮蓝 G-250，加完试剂后盖上玻璃塞，将溶液混合均匀，放置 2～3 min 后，在 595 nm 波长处测定吸光度值。以牛血清蛋白含量为横坐标，吸光度值为纵坐标，绘制标准曲线并求回归方程。

附表 2-1　配制 0～100 μg/mL 牛血清蛋白标准液试剂用量

试　剂	试管号					
	1	2	3	4	5	6
100 μg/mL 牛血清蛋白/mL	0.00	0.20	0.40	0.60	0.80	1.00
蒸馏水/mL	1.00	0.80	0.60	0.40	0.20	0.00
考马斯亮蓝 G-250/mL	5.00	5.00	5.00	5.00	5.00	5.00
蛋白质含量/μg	0.00	20.00	40.00	60.00	80.00	100.00

2. 可溶性蛋白质的提取及样品测定

测定酶活性的粗酶液即为蛋白质的提取液，准确吸取蛋白质提取液 0.1 mL，加入 0.9 mL 蒸馏水和 5 mL 考马斯亮蓝 G-250 试剂，充分混合，放置 2～3 min 后在波长 595 nm 处比色，测得溶液在波长 595 nm 处的吸光度值，并通过标准曲线查得蛋白质含量。

计算公式：

蛋白质是植物体内重要的有机物质，通过蛋白质含量的测定，可反映出植物体的代谢强弱，也可通过蛋白质含量的多少反映植物光合作用能力的大小。

蛋白质含量计算公式：

$$样品中蛋白的含量（mg \cdot (g\,FW)^{-1}）= \frac{C \times V_T}{W \times V_S \times 1\,000}$$

式中，C 为查标准曲线值（μg）；V_T 为提取液总体积（mL）；V_S 为测定时加样量（mL）；W 为样品鲜重（g）；1 000 为将 μg 换算成 mg 的转换系数。

实验 4　植物体内丙二醛含量的测定

实验目的：

植物在衰老或逆境条件下往往发生膜脂过氧化作用，丙二醛（MDA）是膜脂过氧化的最终分解产物，其含量与植物衰老及逆境伤害程度有密切关系。

实验原理：

测定植物体内丙二醛含量，通常利用硫代巴比妥酸（TBA）在酸性和高温条件下与植物组织中的丙二醛发生显色反应，生成红棕色的三甲川（3,5,5-三甲基噁唑 2,4-二酮），三甲基在波长 532 nm 处有最大光吸收，根据朗伯-比尔定律，通过测定吸光度值可计算出吸光物质的浓度。

但是，测定植物组织中 MDA 时，受多种物质的干扰，其中最主要的是可溶性糖。糖与硫代巴比妥酸显色反应产物的最大吸收波长在 450 nm 处，在波长 532 nm 处也有吸收。植物遭受干旱、高温、低温等逆境胁迫时，可溶性糖含量增加，因此，测定植物组织中 MDA 与硫代巴比妥酸反应产物含量时，一定要排除可溶性糖的干扰。

对反应物分别在波长 532 nm、450 nm 处测定吸光度值，根据相关的比吸收系数，利用双组分分光光度计法计算植物样品提取液中 MDA 的浓度，然后进一步算出其在植物组织中的含量。

材料：

新鲜植物根或叶片。

试剂：

10%三氯乙酸（TCA）（100 g 三氯乙酸用蒸馏水溶解定容至 1 000 mL）、液氮、蒸馏水。

0.6%硫代巴比妥酸（TBA）溶液：称取硫代巴比妥酸 0.6 g，先加少量的氢氧化钠（1 mol/L）溶解，再用 10% TCA 定容至 100 mL。

仪器：

离心机、可见分光光度计、分析天平、恒温水浴锅、研钵、移液器、玻璃管、离心管（10 mL）、剪刀。

实验步骤：

① 称取适量鲜样，放于研钵中用液氮磨碎，将 10 mL 三氯乙酸分次加入研钵中，直至样品全部转移到 10 m 离心管中，以 4 000 r/min 离心 10 min，其上清液为丙二醛提取液。

② 取干净试管，加入提取液 2 mL，1 支为对照试管，加蒸馏水 2 mL，然后各管再加入 2 mL 0.6%硫代巴比妥酸溶液，摇匀。混合液在沸水浴中反应 10 min（自试管内溶液中出现小气泡开始计时），取出试管并迅速冷却，在波长 450 nm、532 nm 处测定吸光度。

计算公式：

双组分光光度计法：按双组分光光度计法原理，当某一溶液中有数种吸光物质时，某一波长下的吸光度值等于此混合液在该波长下各显色物质的吸光度值之和。已知蔗糖－TBA 反应产物在波长 450 nm 和 532 nm 处的摩尔比吸收系数（k）分别为 85.40 和 7.40，MDA－TBA 显色反应产物在波长 450 nm 和 532 nm 处的摩尔比吸收系数（k）分别为 0 和 1.55×10^5。

根据朗伯－比尔定律：$A = kCL$，当 L 即液层厚度为 1 cm 时，可建立以下方程组：

$$A_{450} = 85.40 \times C_{糖}$$
$$A_{532} - A_{600} = 1.55 \times 10^5 \times C_{MDA} + 7.40 \times C_{糖}$$

解方程组得：

$$C_{糖} = A_{450}/85.40 = 11.71 A_{450} \text{（mmol/L）}$$
$$C_{MDA} = 6.45(A_{532} - A_{600}) - 0.56 A_{450} \text{（µmol/L）}$$

式中，A_{450}、A_{532}、A_{600} 是在波长 450 nm、532 nm、600 nm 处的吸光度值；$C_{糖}$、C_{MDA} 是反应混合液中可溶性糖、MDA 的浓度。

MDA 含量计算：

$$MDA \text{ 含量（µmol} \cdot \text{(g FW)}^{-1}) = \frac{\text{提取液中MDA浓度（µmol/L）} \times \text{提取液量（mL）}}{\text{植物组织鲜重（g）}}$$

实验 5 叶绿素测定方法

实验材料：

新鲜叶片。

实验试剂：

95%乙醇。

实验仪器：

可见分光光度计、分析天平、三角瓶、剪刀。

实验步骤：

① 剪取适量（0.2～0.3 g）新鲜样品（避开叶脉），称重，剪碎，放入三角瓶，加 25 mL 95%乙醇，保鲜膜覆盖保存，黑暗浸提 12 h，至组织发白。

② 再加 25 mL 95%乙醇，在波长 470 nm、649 nm、665 nm 下测吸光度。

$$样品叶绿素浓度\ C_T（mg/L）= 18.08A_{649} + 6.63A_{665}$$

$$叶片叶绿素含量（mg/g）= C_T×提取液体积×稀释倍数/样品鲜重$$

实验 6 亚细胞中 Cd 含量的测定

运用差速离心分离技术测定 Cd 在花生根和茎叶各亚细胞中的分布。称取花生茎叶和根系鲜样各 0.5 g 左右，在液氮环境下充分研磨，然后向其中加入 5 mL 预冷的缓冲液（pH 为 7.5 的 Tris-HCl 缓冲液 50 mmol/L、蔗糖 0.25 mol/L、DTT 1.0 mmol/L、抗坏血酸 5.0 mmol/L、PVPP 1.0 mmol/L，料液比 1:10），将加入缓冲液后的匀浆液转移至离心管，震荡 1 h，于 4 ℃下 4 000 r/min 离心 10 min，沉淀的部分为细胞壁（F1）。倒出上清液转入离心管，在沉淀离心管中再加入 5 mL 缓冲液，于 4 ℃下 4 000 r/min 离心 10 min，倒出上清液与上一管上清液混合，于 4 ℃下 16 000 r/min 离心 20 min。沉淀为细胞器组分，不含液泡（F2）；上清液为可溶组分，含胞质及液泡内高分子和大分子有机物质及无机离子（F3）。

将得到的地上部和根系的细胞壁及细胞器沉淀部分放置于 70 ℃烘箱中烘干至恒重，然后用混合酸（$HNO_3/HClO_4\ V/V=4:1$）消解，用原子吸收分光光度计（岛津 A7000）测定可溶部分和消解样品中的 Cd 含量。

实验 7　Cd 的化学形态分布

采用化学试剂逐步提取法。分别称取花生茎叶和根系鲜样 0.5 g 左右，在液氮环境下充分研磨，按样品与提取剂 1:10 的比例浸提，于 30 ℃恒温箱内放置过夜（17～18 h），次日回收提取液，再在放置样品的烧杯中加入同体积的同样提取剂，浸取 2 h 后再回收提取液，以后重复 2 次，集 4 次提取液于烧杯中，蒸发近干后，用混合酸（硝酸/高氯酸 $V/V=4:1$）消解。采用下列 5 种提取剂依次进行浸提：80%乙醇（F_E）、去离子水（F_W）、1 mol/L 氯化钠（F_{NaCl}）、2%醋酸（F_{HAc}）、0.6 mol/L 盐酸（F_{HCl}）。用原子吸收分光光度计测定消解样品中的 Cd 含量。

样品连续提取剂及其提取的各种化学结合形态见附表 2-2。

附表 2-2　样品连续提取剂及其提取的各种化学结合形态

提取剂	重金属结合形态
80%乙醇（F_E）	以硝酸盐、氯化物为主的无机盐及氯酸盐等
去离子水（F_W）	水溶性有机酸盐、重金属的一代磷酸盐等
1 mol·L⁻¹ 氯化钠（F_{NaCl}）	果胶酸盐，与蛋白质结合或呈吸着态的重金属等
2%醋酸（F_{HAc}）	难溶于水的重金属磷酸盐，包括二代磷酸盐、正磷盐等
0.6 mol·L⁻¹ 盐酸（F_{HCl}）	草酸盐等

实验 8　植株 Cd 含量、Cd 累积量和转移系数

将烘干后的茎叶和根系充分研磨，分别称取茎叶干样 0.2 g、根系干样 0.1 g（精确到 0.000 1 g）于消煮管中，加入 8 mL 优级纯 HNO₃ 溶液，加盖浸泡过夜后加入 2 mL 优级纯 HClO₄，加弯颈漏斗，放在消解炉（FOSS 2040BD40）上消解，消解炉初始温度设定为 180 ℃。当消煮管中样品消解完后，溶液呈透明棕黄色，取下弯颈漏斗，将消解炉温度调到 210 ℃，直至消煮管中的液

体近似蒸干为止，将蒸干后的样品用蒸馏水冲洗后，再放入消解炉中进行消解，反复两次后，将剩余溶液转移至 25 mL 容量瓶中，定容至刻度，同时做试剂空白实验。用原子吸收分光光度计（岛津 AA7000）火焰吸收法测定，采用国家标准样品——茶叶成分分析标准物质（GBW 07605）进行质量控制。

$$Cd\ 含量\ X = \frac{(A_1 - A_0) \times V \times 1\,000}{m \times 1\,000}$$

式中，X 为样品中 Cd 含量（mg/kg）；A_1 为测定样品中 Cd 浓度（mg/L）；A_0 为空白样品中 Cd 含量（mg/L）；V 为样品定容总体积（mL）；m 为样品质量（g）。

$$植株\ Cd\ 累积量（\mu g）= 植株\ Cd\ 含量 \times 植株生物量（g）$$
$$转移系数（TF）= 地上部\ Cd\ 含量 / 根系\ Cd\ 含量$$

实验 9　根系形态扫描及操作步骤

根系形态采用扫描测定法。用蒸馏水清洗根系，用全自动根系扫描仪（EPSON STD1600）对离体根进行扫描获取图像，用分析系统软件 WinRHIZO2000（Regent 加拿大）获得总根长、根总表面积、根体积、根平均直径、根尖数和比根长等形态学参数。

$$比根长（cm/mg）= 总根长 / 根生物量$$

第一步：连接扫描仪的线路，如附图 2-1 所示，开机。

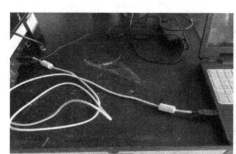 

附图 2-1　连接扫描仪的线路

第二步：打开 EPSON 软件，如附图 2-2 所示。

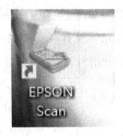

附图 2-2　打开 EPSON 软件

第三步：调试各项参数，如附图 2-3 所示。

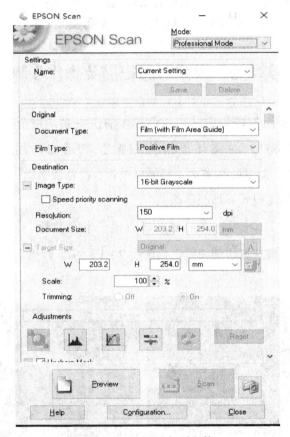

附图 2-3　调试各项参数

第四步：单击　，如附图 2-4 所示，选择存储路径。

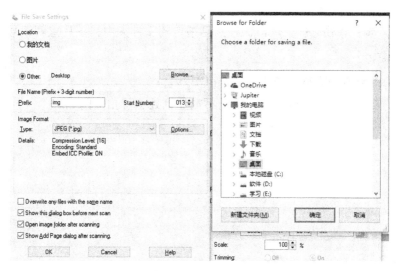

附图 2-4　选择存储路径

第五步：单击 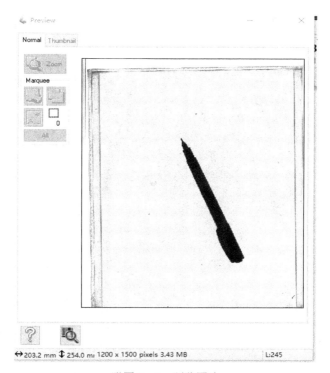 ，预览图片，看根系是否处于可扫描区域，如附图 2-5 所示。

附图 2-5　预览图片

第六步：单击 ⬛ Scan ，保存到已指定的文件夹中，图片重新编号。

注意：

① 盒中所盛的水以将树根全部浸泡为宜。

② 要将根系全部铺展开，尽量不重叠且处于可扫描区域。

参 考 文 献

［1］ Acosta J A, Martínez-Martínez S, Faz A, et al. Accumulations of major and trace elements in particle size fractions of soils on eight different parent materials[J]. Geoderma, 2011(161): 30－42.

［2］ Adams P, De-Leij F A A M, Lynch J M. Trichoderma harzianum Rifai 1295－22 mediates growth promotion of crack willow (Salix fragilis) saplings in both clean and metal-contaminated soil[J]. Microbial Ecology, 2007, 54(2): 306－313.

［3］ Akhtar S, Mahmood-UL-Hassan M, Ahmad R, et al. Metal tolerance potential of filamentous fungi isolated from soils irrigated with untreated municipal effluent[J]. Soil&Environment, 2013, 32(1): 55－62.

［4］ Angelova V R, Babrikov T D, Ivanov K I. Bioaccumulation and distribution of lead, zinc, and cadmium in crops of Solanaceae family[J]. Commun Soil Sci Plant Anal, 2009(40): 2248－2263.

［5］ Arriagada C A, Herrera M A, Garcia-Romera I, et al. Tolerance to Cd of soybean (Glycine max) and eucalyptus (Eucalyptus globulus) inoculated with arbuscular mycorrhizal and saprobe fungi[J]. Symbiosis, 2004, 36(3): 285－299.

［6］ Arthur E, Crews H, Morgan C. Optimizing plant genetic strategies for minimizing environmental contamination in the food chain [J]. Int J Phytoremediat, 2000, 2(1): 1－21.

［7］ Arthur E, Crews H, Morgan C. Optimizing plant genetic strategies for minimizing environmental contamination in the food chain[J]. Internal Phytoremediation, 2000(2): 1－21.

［8］ Baath E, Diaz-Ravina M, Forstegard A, et al. Effect of metal-rich sludge amendments on the soil microbial community[J]. Appl Environ Microbial, 1998(64): 238 – 245.

[9] Baker A J M, Grant C J, et al. Induction and loss of cadmium tolerance in Holcuslanatus L, and other grasses[J]. New Phytol, 1986(102).

[10] Beesley L, Moreno-Jiménez E, Clemente R, et al. Mobility of arsenic, cadmium and zinc in a multi-element contaminated soil profile assessed by in-situ soil pore water sampling, column leaching and sequential extraction[J]. Environ Pollu, 2010(158): 155 – 160.

[11] Bell M J, McLaughlin M J, Wright G C, et al. Inter-and intra-specific variation in accumulation of cadmium by peanut, soybean, and navy bean[J]. Aust J Agric Res, 1997(48): 1151 – 1160.

[12] Berkelaar E, Hale B. The relationship between root morphology and cadmium accumulation in seedlings of two durum wheat cultivars Superoxide dismutase and stress tolerance[J]. Can J Bot, 2000(78): 381 – 387.

[13] Braud A, Jézéquel K, Bazot S, et al. Enhancedphytoextraction of an agricultural Cr⁻, Hg and Pb-contaminated soil by bioaugmentation with siderophore producing bacteria[J]. Chemosphere, 2009(74): 280 – 286.

[14] Brookes P C. The use of microbial parameters in monitoring soil pollution by heavy metals[J]. Biol Fertil Soils, 1995(19): 269 – 279.

[15] Cakmak I, Welch R M, Erenoglu B, et al. Influence of varied zinc supply on retranslation of cadmium and rubidium applied on mature leaf of durum wheat seedling [J]. Plant and Soil, 2000(219): 279 – 284.

[16] Cao L, Jiang M, Zeng Z, et al. Trichoderma atroviride F6 improves phytoextraction efficiency of mustard (Brassica juncea (L.) Coss. var. foliosa Bailey) in Cd, Ni contaminated soils[J]. Chemosphere, 2008, 71(9): 1769 – 1773.

[17] Carrín M E, Carelli A A. Peanut oil: Compositional data[J]. Eur J Lipid Sci Tech, 2010(112): 697 – 707.

[18] Chaudhuri D, Tripathy S, Veeresh H, et al. Mobility and bioavailability of

selected heavy metals in coal ash and sewage sludge2 amended acid soil[J]. Environmental Geology, 2003(44): 419 – 432.

[19] Chen F, Dong J, Wang F, et al. Identification of barley genotypes with low grain Cd accumulation and its interaction with four microelements[J]. Chemosphere, 2007(67): 2082 – 2088.

[20] Clarke J M, Norvell W A, Clarke F R, et al. Concentration of cadmium and other elements in the grain of near-isogenic durum lines[J]. Can J Plant Sci, 2002(82): 27 – 33.

[21] Costa D L, Dreher K L. What do we need to know about airborne particles to make effective risk management decisions A toxicology perspective[J]. Human Ecologic Risk Assess, 1999(5): 481 – 491.

[22] Cyrys J, Stolzel M, Heinrich J, et al. Elemental composition and sources of fine and ultrafine ambient particles in Erfurt, Germany[J]. Sci Total Environ, 2003, 305(1 – 3): 143.

[23] Dai X, Bai Y, Jiang J, et al. Cadmium in Chinese postharvest peanuts and dietary exposure assessment in associated population[J]. J Agric Food Chem, 2016(64): 7849 – 7855.

[24] Davis R P, Smith C C. Crop as indications of the significance of contamination of soils by heavy metals[J]. Water Research Center, 1996(7): 140.

[25] Dugo G, Pera L L, Giovanna Torre G L L, et al. Determination of Cd(II), Cu(II), Pb(II), and Zn(II) content in commercial vegetable oils using derivative potentiometric stripping analysis[J]. Food Chem 2004(87): 639 – 645.

[26] Ekmekc I Y, Tanyolac D, Ayhan B. Effects of cadmium on antioxidant enzyme and photosynthetic activities in leaves of two maize cultivars[J]. J Plant Physiol, 2008(165): 600 – 611.

[27] Eom S Y, Yim D H, Hong S M, et al. Changes in blood and urinary cadmium levels and bone mineral density according to osteoporosis medication in individuals with an increased cadmium body burden[J]. Hum Exp Toxicol,

2017.

[28] Fletcher S, Nadolnyak D. Strategic behavior and trade in agricultural commodities-Competition in world peanut markets [C]. Poster paper presented at the International Association of Agricultural Economists Conference, 2006, 12 – 18 August, Gold Coast, Australia.

[29] Fu X, Dou C, Chen Y, et al. Subcellular distribution and chemical forms of cadmium in Phytolacca americana L[J]. J Hazard Mater, 2011(186): 103 – 107.

[30] Gaur A, Adholeya A. Prospects of arbuscular mycorrhizal fungi in phytoremediation of heavy metal contaminated soils [J]. Current Science, 2004, 86(4): 528 – 534.

[31] Gong P, Wilke B M, Strozzi E, et al. Evaluation and refinement of a continuous seed germination and early seedling growth test for the use in the ecotoxicological assessment of soils[J]. Chemosphere, 2001, 44(3): 491 – 500.

[32] Grant C A, Clarke J M, Duguid S, et al. Selection and breeding of plant cultivars to minimize cadmium accumulation[J]. Sci Total Environ, 2008 (390): 301 – 310.

[33] Guerrero-Campo J, Palacio S, Pérez-Rontomé C, et al. Effect of root system morphology on root-sprouting and shoot-rooting abilities in 123 plant species from eroded lands in north-east Spain[J]. Annals of Botany, 2006 (98): 439 – 447.

[34] Guo J K, Ding Y Z, Feng R W, et al. Burkholderia metalliresistens sp. nov., a multiple metalresistant and phosphate-solubilising species isolated from heavy metal-polluted soil in Southeast China[J]. Anton Leeuw Int J.G., 2015(107): 1591 – 1598.

[35] Guo J K, Feng R W, Ding Y Z, et al. Applying carbon dioxide, plant growth-promoting rhizobacterium and EDTA can enhance the phytoremediation efficiency of ryegrass in a soil polluted with zinc, arsenic, cadmium and lead[J]. Journal of Environ Manage, 2014(141): 1 – 8.

［36］ Haanstra L, Doelman P, Voshaar J H O. The use of sigmoidal dose response curves in soil ecotoxicological research [J]. Plant Soil, 1985(84): 293 – 297.

［37］ Haghiri F. Cadmium uptake by plants[J]. Journal of Environ Qual, 1973(2): 93 – 96.

［38］ Harris N S, Taylor G J. Cadmium uptake and translocation in seedlings of near isogenic lines of durum wheat that differ in grain cadmium accumulation [J]. BMC Plant Biology, 2004(4): 4.

［39］ Hayato Baba, Koichi Tsuneyama1, Tokimasa Kumada1, et al. Histopathological analysis for osteomalacia and tubulopathy in itai-itai disease.[J]. J Toxicol Sci, 2014, 39(1): 91 – 96.

［40］ Ince N H, Dirilgen N, Apikyan I G, et al. Assessment of toxic interactions of heavy metals in binary mixtures: A statistical approach[J]. Archives of Environmental Contamination & Toxicology, 1999, 36(4): 365 – 372.

［41］ Jalil A, Sellws F, Clarke J M. Effect of cadmium on growth and the uptake of cadmium and other elements by durum wheat[J]. J Plant Nutr, 1994(17): 1839 – 1858.

［42］ Keller C, Hammer D, Kayser A, et al. Root development and heavy metal phytoextraction efficiency: comparison of different plant species in the field[J]. Plant and Soil, 2003(249), 67 – 81.

［43］ Kobori G, Okazaki M, Motobayashi T, et al. Differences of cadmium uptake and accumulation among soybean(Glycine max)cultivars[C]. 19th World Congress of Soil Science, Soil Solutions for a Changing World, 2010, Brisbane, Australia. Published on DVD.

［44］ Kubota J, Welch R M, van Campen D R. Partitioning of cadmium, copper, lead and zinc amongst above-ground parts of seed and grain crops grown in selected locations in the USA [J]. Environ Geochem Health, 1992(14): 91 – 100.

［45］ Langner A N, Manu A, Tabatabai M A. Heavy Metals Distribution in an Iowa Suburban Landscape [J]. Environ Qual, 2011(40): 83 – 89.

［46］ Lavado-García J M, Puerto-Parejo L M, Roncero-Martín R, et al. Intake of

Cadmium, Lead and Mercury and Its Association with Bone Health in Healthy Premenopausal Women[J]. Int J Environ Res Public Health, 2017, 14(12).

［47］Li Peijun, Wang Xin, Allinson Graeme, et al. Effects of sulfur dioxide pollution on the translocation and accumulation of heavy metals in soybean grain[J]. Environ Sci Pollut Res, 2011(18): 1090 – 1097.

［48］Li Y M, Chaney R L, Schneiter A A, et al. Screening for low grain cadmium phenotypes in sunflower, durum wheat and flax[J]. Euphytica, 1997(94): 24 – 30.

［49］Li Yong, Li Caihong, Zheng Yanhai, et al. Cadmium pollution enhanced ozone damage to winter wheat: biochemical and physiological evidences[J]. J Environ Sci, 2011(23): 255 – 265.

［50］Liao B H, Liu H Y, Zeng Q R, et al. Complex toxic effects of Cd^{2+}, Zn^{2+}, and acid rain growth of kidney bean(Phaseolus vulgarisL.)[J]. Environment International, 2005(31): 891 – 895.

［51］Ligocki P, Olszewski T, et al. Heavy metal content of the soils, apple leaves, spurs and fruit from three experiment orchards. II. Leaves, spurs and fruit[J]. Fruit Science Reports, 1988, 15(1): 35 – 41.

［52］Lim H, Lim J A, Choi J H, et al. Associations of low environmental exposure to multiple metals with renal tubular impairment in Korean adults[J]. Toxicol Res, 2016, 32(1): 57 – 64.

［53］Liu H Y, Probsta A, Liao B H. Metal contamination of soils and crop s affected by the Chenzhou lead/zinc mine spill[J] . Science of the Total Environment, 2005(339): 153 – 166.

［54］Liu L, Hu L, Tang J, et al. Food safety assessment of planting patterns of four vegetable-type crops grown in soilcontaminated byelectronic waste activities[J]. J Environ Manag, 2012(93): 22 – 30.

［55］Liu W, Zhou Q, An J, et al. Variations in cadmium accumulation among Chinese cabbage cultivars and screening for Cd-safe cultivars [J]. J Hazard Mater, 2010 a(173): 737 – 743.

［56］ Lopez B J, Nieot J M F, Ramfrez R, et al. Organic acid metabolism in plants: from adaptive physiology to transgenic varieties for cultivation in extrema soils[J]. Plant Sci, 2000(160): 1 – 13.

［57］ Lux A, Martinka M, Vaculík M, et al. Root responses to cadmium in the rhizosphere: a review[J]. J Exp Bot, 2011(62): 21 – 37.

［58］ Ma Y, Prasad M N V, Rajkumar M, et al. Plant growth promoting rhizobacteria and endophytes accelerate phytoremediation of metalliferous soils[J]. Biotechnology Advances, 2011, 29(2): 248 – 258.

［59］ Marschner H. Mineral nutrition of higher plants(2 sd ed.)[M]. Academic Press. San Diego. CA, USA, 1995.

［60］ McLaughlin M J, Tiller K G, Naidu R, et al. Review: the behaviour and environmental impact of contaminants in fertilizers [J]. Aust J Soil Res, 1996(34): 1 – 54.

［61］ McLaughlin M J, Bell M J, Wright G C, et al. Uptake and partitioning of cadmium by cultivars of peanut (Arachis hypogaea L.)[J]. Plant Soil, 2000 (222): 51 – 58.

［62］ Mendoza-Cózatl D G, Jobe T O, Hauser F, et al. Long-distance transport, vacuolar sequestration, tolerance, and transcriptional responses induced by cadmium and arsenic [J]. Current Opinion in Plant Biology, 2011, 14(5): 554 – 562.

［63］ Metwally A, Safronova V I, Belimov A A, et al. Genotypic variation of the response to cadmium toxicity in Pisum sativum L [J]. J Exp Bot, 2005(56): 167 – 178.

［64］ MiGirr L G, Brien P J O. Mechanisms of membrane lipid peroxidation[J]. Recent Advances Studies, 1985(12): 319 – 344.

［65］ Nishijo M, Nakagawa H, Suwazono Y, et al. Causes of death in patients with Itai-itai disease suffering from severe chronic cadmium poisoning: a nested case-control analysis of a follow-up study in Japan[J]. BMJ Open, 2017, 7(7): e015694.

［66］ Nishijo M, Nambunmee K, Suvagandha D, et al. Gender-Specific Impact of

Cadmium Exposure on Bone Metabolism in Older People Living in a Cadmium-Polluted Area in Thailand[J]. Int J Environ Res Public Health, 2017, 14(4).

[67] Nishzono H. The role of the root cell wall in the heavy metal tolerance of Athyrium yokoscense[J]. Plant and Soil, 1987(101): 15－20.

[68] Norton G, Duan G, Dasgupta T, et al. Environmental and Genetic Control of Arsenic Accumulation and Speciation in Rice Grain: Comparing a Range of Common Cultivars Grown in Contaminated Sites Across Bangladesh, China, and India[J]. Environ Sci Technol, 2009(43): 8381－8386.

[69] Nriagu J O, Pacyna J M. Quantitative assessment of world wide contamination of air, water and soil by reactmetals[J]. Nature, 1988(333): 134－139.

[70] Penner G A, Clarke J, Bezte L J, et al. Identification of RAPD markers linked to a gene governing cadmium uptake in durum wheat[J]. Genome, 1995(38): 543－547.

[71] Pietrini F, Zacchini M, Iori V, et al. Screening of poplar clones for cadmium phytoremediation using photosynthesis, biomass and cadmium content analyses [J]. Int J Phytorem, 2010(12): 105－120.

[72] Pittman J K. Managing the manganese: molecular mechanisms of manganese transport and homeostasis[J]. New Phytol, 2005(167): 733－742.

[73] Popelka J C, Schubert S, Schulz R, et al. Cadmium uptake and translocation during reproductive development of peanut (Arachis hypogaea L) [J]. Angewandte Botanik, 1996(70): 140－143.

[74] Puerto-Parejo L M, Aliaga I, Canal-Macias M L, et al. Evaluation of the Dietary Intake of Cadmium, Lead and Mercury and Its Relationship with Bone Health among Postmenopausal Women in Spain[J]. Int J Environ Res Public Health, 2017, 14(6).

[75] Qiu Q, Wang Y, Yang Z, et al. Effects ofphosphorussupplied in soil on subcellular distribution and chemical forms of cadmium in two Chinese flowering cabbage (Brassica parachinensis L.) cultivars differing in

cadmium accumulation[J]. Food Chem Toxicol, 2011(49): 2260－2267.

［76］Römkens P F A M, Guo H Y, Chu C L, et al. Prediction of cadmium uptake by brown rice and derivation of soil-plant transfer models to improve soil protection guidelines[J]. Environ Pollut, 2009(157): 2435－2444.

［77］Roberts A H C, Longhurst R D, Brown M W. Cadmium status of soils, plant and grazing animals in New Zealand[J]. N Z J Agric Res, 1994(37): 119－129.

［78］Rodríguez-Serrano M, Romero-Puertas M C, Zabalza A, et al. Cadmium effect on oxidative metabolism of pea (Pisum sativum L.) roots. Imaging of reactive oxygen species and nitric oxide accumulation in vivo[J]. Plant Cell Environ, 2006(29): 1532－1544.

［79］Sandalio L, Dalurzo H, Gomez M, et al.. Cadmium-induced changes in the growth and oxidative metabolism of pea plants[J]. J Exp Bot, 2001(52): 2115－2126.

［80］Satarug S, Vesey D A, Gobe G C. Kidney cadmium toxicity, diabetes and high blood pressure: the perfect storm[J]. Tohoku J Exp Med, 2017, 241(1): 65－87.

［81］Scandalios J C. Oxygen stress and superoxide dismutase[J]. Plant Soil, 1993, 101(1): 7－12.

［82］Shahriari F, Higash T, Tamura K. Effects of clay addition on soil protease activities in Andosols in the presence of cadmium[J]. Soil Sci Plant Nutr, 2010(56): 560－569.

［83］Sheng X F, Xia J J. Improvement of rape (Brassica napus) plant growth and cadmium uptake by cadmium-resistant bacteria[J]. Chemosphere, 2006(64): 1036－1042.

［84］Shi G R, Cai Q. Zinc tolerance and accumulation in eight oil crops[J]. J Plant Nutr, 2010(33): 982－997.

［85］Shi G, Liu C, Cui M, et al. Cadmium tolerance and bioaccumulation of 18 hemp accessions [J]. Appl Biochem Biotechnol, 2012, 168(1): 163－173.

［86］Smolders E, Buekers J, Oliver I, et al. Soil properties affecting toxicity of zinc to soil microbial properties in laboratory-spiked and field-contaminated soils[J]. Environmental Toxicology and Chemistry, 2004, 23(11): 2633 – 2640.

[87] Song N, Zhong X, Li B, et al. Development of a multi-species biotic ligand model predicting the toxicity of trivalent chromium to barley root elongation in solution culture[J]. Plos One, 2014, 9(8): 64 – 68.

[88] Song N N, Ma Y B, Zhao Y J, et al. Elevated ambient carbon dioxide and Trichoderma inoculum could enhance cadmium uptake of Lolium perenne explained by changes of soil pH, cadmium availability and microbial biomass[J]. Appl Soil Ecol, 2015(85): 56 – 64.

[89] Stefanov K, Seizova K, Yanishlieva N, et al. Accumulation of lead, zinc and cadmium in plant seeds growing in metalliferous habitats in Bulgaria[J]. Food Chemistry, 1995(54): 311 – 313.

[90] Stefanska B, Huang J, Bhattacharyya B, et al. Definition of the land-scape of promoter DNA hypomethylation in liver cancer[J]. Cancer Res, 2011, 71(17): 5891 – 5903.

[91] Su Genqiang, Li Fen, Lin Jingshuang, et al. Peanut as a potential crop for bioenergy production via Cd-phytoextraction: A life-cycle pot experiment[J]. Plant Soil, 2013, 365(1 – 2): 337 – 345.

[92] Su Ying, Wang Xüming, Liu Caifeng, et al. Variation in cadmium accumulation and translocation among peanut cultivars as affected by iron deficiency[J]. Plant Soil, 2013(363): 201 – 213.

[93] Uraguchi S, Mori S, Kuramata M, et al. Root-to-shoot Cd translocation via the xylem is the major process determining shoot and grain cadmium accumulation in rice[J]. J Exp Bot, 2009(60): 2677 – 2688.

[94] Wang F Y, Lin X G, Yin R. Role of microbial inoculation and chitosan in phytoextraction of Cu, Zn, Pb and Cd by Elsholtzia splendens-a field case[J]. Environmental Pollution, 2007, 147(1): 248 – 255.

[95] Wang J, Fang W, Yang Z, et al. Inter-and intraspecific variations of cadmium accumulation of 13 leafy vegetable species in a greenhouse experiment[J]. J

Agric Food Chem, 2007(55): 9118 – 9123.

[96] Wang K R. Tolerance of cultivated plants to cadmium and their utilization in polluted farmland soils[J]. Acta Biotechnologica, 2002(21): 189 – 198.

[97] Wang K, Song N, Zhao Q, et al. Cadmium re-distribution from pod and root zones and accumulation by peanut (Arachis hypogaea L.) [J]. Environmental Science & Pollution Research, 2016, 23(2): 1441 – 1448.

[98] Wang M Y, Chen A K, Wong M H, et al. Cadmium accumulation in and tolerance of rice (Oryza sativa L.) varieties with different rates of radial oxygen loss[J]. Environ Pollut, 2011(159): 1730 – 1736.

[99] Wang P, De Schamphelaere K A, Kopittke P M, et al. Development of an electrostatic model predicting copper toxicity to plants[J]. J Exp Bot, 2012 b(63): 659 – 668.

[100] Wang X, Liu Y, Zeng G, et al. Subcellular distribution and chemical forms of cadmium in Bechmeria nivea(L.) Gaud [J]. Environmental and Experimental Botany, 2008, 62(3): 389 – 395.

[101] Wanger G J. Accumulation of cadmium in crop plants and its consequences to human health [J]. Adv Agron, 1993(51): 173 – 212.

[102] Weigel H J, Jager H J. Subcellular distribution and chemical form of cadmium in bean plants [J]. Plant Physiology, 1980(65): 480 – 482.

[103] Weng B, Xie X, Weiss D J, et al. Kandelia obovata (S., L.) Yong tolerance mechanisms to Cadmium: Subcellular distribution, chemical forms and thiol pools[J]. Marine Pollution Bulletin, 2012, 64(11): 2453 – 2460.

[104] Wilcox C S, Ferguson J W, Fernandez G C J, et al. Fine root growth dynamics of four Mojave Desert shrubs as related to soil moisture and microsite[J]. J Arid Environ, 2004(56): 129 – 148.

[105] Wilde K L, Stauber J L, Markich S J, et al. The effect of pH on the uptake and toxicity of copper and zinc in a tropical freshwater alga (Chlorella sp.) [J]. Archives of Environmental Contamination & Toxicology, 2006, 51(2): 174 – 185.

[106] Williams C H, David D J. The accumulation in soil of cadmium residues

from phosphate fertilizers and their effect on the cadmium content of plants[J]. Soil Sci, 1976(121): 86 – 93.

[107] Willjams C M J, Smart M K. Effect of postassic and phosphatic fertilizer tupe, fertileizer Cd concentration and Zinc rate on cadmium update by potatoes[J]. Fertilizer Res, 1995(40): 63 – 70.

[108] Wu F, Qian Q, Zhang G. Genotypic differences in effect of cadmium on growth parameters of barley during ontogenesis[J]. Commun Soil Sci Plant, 2003(34): 2021 – 2034.

[109] Wu FB, Dong J, Qian QQ, et al. Subcellular distribution and chemical form of Cd and Cd-Zn interaction in different barley genotypes[J]. Chemosphere, 2005(60): 1437 – 1446.

[110] Wu H, Liao Q, Chillrud S N, et al. Environmental exposure to cadmium: health risk assessment and its associations with hypertension and impaired kidney function[J]. Sci Rep, 2016(6): 29989.

[111] Xin J, Huang B, Liu A, et al. Identification of hot pepper cultivars containing low Cd levels after growing on contaminated soil: uptake and redistribution to the edible plant parts[J]. Plant Soil, 2013 a(373): 415 – 425.

[112] Xin J, Huang B, Yang Z, et al. Comparison of cadmium subcellular distribution in different organs of two water spinach (Ipomoea aquatica Forsk.) cultivars[J]. Plant and Soil, 2013 b(372): 431 – 444.

[113] Xu Q, Min H, Cai S, et al. Subcellular distribution and toxicity of cadmium in Potamogeton crispus L.[J]. Chemosphere, 2012, 89(1): 114 – 120.

[114] Yang X, Long X, Ye H, et al. Cadmium tolerance and hyperaccumulation in a new Zn-hyperaccumulating plant species (Sedum alfredii Hance) [J]. Plant Soil, 2004(259): 181 – 189.

[115] Yang Yang, Xihong Zhou, Boqing Tie, et al. Comparison of three types of oil crop rotation systems for effective use and remediation of heavy metal contaminated agricultural soil[J]. Chemosphere, 2017(188): 148 – 156.

[116] Yobouet Y A, Adouby K, Trokourey A, et al. Cadmium, Copper, Lead and Zinc speciation in contaminated soils[J]. Inter J Engineer Sci Tech, 2010(2): 802－812.

[117] Yu H, Xiang Z, Zhu Y, et al. Subcellular and molecular distribution of cadmium in two rice genotypes with different levels of cadmium accumulation[J]. J Plant Nutr, 2012(35): 71－84.

[118] Zeng F, Ali S, Zhang H, et al. The influence of pH and organic matter content in paddy soil on heavy metal availability and their uptake by rice plants[J]. Environ Pollu, 2011(159): 84－91.

[119] Zeng F R, Mao Y, Cheng W D, et al. Genotypic and environmental variation in chromium, cadmium and lead concentrations in rice[J]. Environmental Pollution, 2008(153): 309－314.

[120] Zhang C, Zhang P, Mo C, et al. Cadmium uptake, chemical forms, subcellular distribution, and accumulation in Echinodorus osiris Rataj[J]. Environ Sci Process Impacts, 2013(15): 1459－146.

[121] Zhang J B, Huang W N. Advances on physiological and ecological effects of cadmium on plants[J]. Acta Ecol Sin, 2000(20): 514－523.

[122] 白雪, 陈亚慧, 耿凯, 等. 镉在三色堇中的积累及亚细胞与化学形态分布[J]. 环境科学学报, 2014（6）：1600－1605.

[123] 卜威乐斯, 田侠, 丁效东, 等. 施硒对花生幼苗硒、镉吸收及光合效应的影响[J]. 环境化学, 2017（11）：2349－2356.

[124] 蔡保松, 张国平. 大/小麦对镉的吸收/运输及在籽粒中的积累[J]. 麦类作物学报, 2002, 22（3）：82－86.

[125] 曹丹, 白耀博, 强承魁, 等. 不同品种小麦种子萌发对镉胁迫的耐性响应[J]. 黑龙江农业科学, 2017（7）：8－11.

[126] 常学秀, 王焕校, 文传浩. Cd^{2+}、Al^{3+}对蚕豆胚根根尖细胞遗传学毒性效应研究[J]. 农业环境保护, 1999, 18（1）：1－3.

[127] 常云峰. 镉致肺纤维化作用机制的初步研究[D]. 中南大学, 2013.

[128] 陈璐, 王凯荣, 王芳丽, 等. 平度市金矿区农田土壤－玉米系统重金属污染风险评价[J]. 农业资源与环境学报, 2018, 35（2）：161－166.

[129] 陈念光,陈建玲,赖关朝,等.镉中毒患者诊断时和停止镉接触几年后肾功能指标分析[J].职业与健康,2013,29(16):1972－1973.

[130] 陈涛,吴燕玉,张学询,等.张士灌区镉土改良和水稻镉污染防治研究[J].环境科学,1980(5):7－11.

[131] 陈亚慧,刘晓宇,王明新,等.蓖麻对镉的耐性、积累及与镉亚细胞分布的关系[J].环境科学学报,2014,34(9):2440－2446.

[132] 迟克宇,范洪黎.不同积累型苋菜(Amaranthus mangostanus L.)镉吸收转运特征差异性研究[J].植物营养与肥料学报,2016(6):1612－1619.

[133] 单世华,范仲学,吕潇,等.镉处理对不同基因型花生产量及品质的影响[J].中国农业科技导报,2009,11(3):102－108.

[134] 邓波,黄怀琼.重金属镉(Cd)对花生结瘤和生长发育的影响[J].微生物学杂志,1996(2):10－13.

[135] 董袁媛,孙竹,杨洋,等.镉胁迫对黄麻光合作用及镉积累的影响[J].核农学报,2017(8):1640－1646.

[136] 窦昭敏,丁芳,李祥祥,等.镉胁迫对茶园土壤中养分和微生物区系及生理群的影响[J].湖南农业科学,2012(5):53－55＋60.

[137] 杜应琼,何江华,陈俊坚,等.铅、镉和铬在叶类蔬菜中的积累及对其生长的影响[J].园艺学报,2003,30(1):51－55.

[138] 方勇,陈建相,杨友强.中国农田重金属污染概况[J].广东化工,2015,42(19):113＋108.

[139] 高芳,林英杰,张佳蕾,等.镉胁迫对花生生理特性、产量和品质的影响[J].作物学报,2011,37(12):2269－2276.

[140] 葛婳姣,周菊平,顾海金,等.苏州市吴江区农村土壤铅、镉、铬污染状况调查[J].现代预防医学,2017(16):2912－2915＋2927.

[141] 龚玉莲,曾小龙,曾碧健,等.蕹菜镉积累典型品种根际微生物群落特征研究[J].生态科学,2014(1):25－31.

[142] 郭朝晖,廖柏寒,黄昌勇.酸雨对污染环境中重金属化学行为的影响[J].环境污染治理技术与设备,2003,4(9):7－11.

[143] 韩超,申海玉,张浩.模拟镉污染对小青菜生长、镉吸收累积和亚细胞

分布的影响[J]. 北方园艺，2017（22）：6－11.

[144] 何电源，王凯荣，胡荣桂. 农田土壤污染对作物生长和产品质量影响研究[J]. 农业现代化研究，1991（12）（增）：21－28.

[145] 何芸雨，蒋蓉，罗颖，等. 镉胁迫对线麻（Cannabis Sativa L.）富集及光合特性的影响[J]. 环境化学，2017（11）：2341－2348.

[146] 贺国强，刘茜，郭振楠，等. 镉胁迫对烤烟叶片光合和叶绿素荧光特性的影响[J]. 华北农学报，2016（S1）：388－393.

[147] 环境保护部，国土资源部. 全国土壤污染状况调查公报[R]. 中国：环境保护部，国土资源部，2014.

[148] 黄会一，李书鼎，张有标，等. 木本植物对 Cd[115+115m] 的吸收及其在体内的分配[J]. 生态学报，1982，2（2）：139－145.

[149] 黄秋婵，韦友欢，黎晓峰. 镉对人体健康的危害效应及其机理研究进展[J]. 安徽农业科学，2007（9）：2528－2531.

[150] 黄玉敏，邓勇，李德芳，等. 镉胁迫对大麻幼苗生长及生理生化影响[J]. 中国麻业科学，2017（5）：227－233.

[151] 黄运湘，何梨香，刘利杉，等. 镉胁迫对圆叶决明幼苗生长及镉吸收的影响[J]. 中国农学通报，2018（3）：93－97.

[152] 蒋彬，张慧萍. 水稻精米中铅镉砷含量基因型差异的研究[J]. 云南师范大学学报，2002，22（3）：37－40.

[153] 李江遐，张军，马友华，等. 不同水稻品种对镉的吸收转运及其非蛋白巯基含量的变化[J]. 生态环境学报，2017（12）：2140－2145.

[154] 李金慧，李文学，殷花，等. 镉暴露对人胚肾细胞 TET 酶表达及 DNA 甲基化水平的影响[J]. 中华预防医学杂志，2015，49（9）：822－827.

[155] 李明亮，李欢，王凯荣，等. Cd 胁迫下丛枝菌根对花生生长、光合生理及 Cd 吸收的影响[J]. 环境化学，2016（11）：2344－2352.

[156] 李荣娟，李春柳，覃利梅，等. 某重金属污染区人群体内重金属水平及其与肝、肾功能的相关性[J]. 广西医学，2017，39（8）：1265－1267.

[157] 李瑞美，王果，方玲. 石灰与有机物料配施对作物镉铅吸收的控制效果研究[J]. 农业环境科学学报，2003，22（3）：293－296.

[158] 李欣忱，李桃，徐卫红，等. 不同辣椒品种镉吸收与转运的差异[J]. 中

国蔬菜，2017（9）：32－36.

[159] 李雪玲，佘玮，李林林，等. 镉对 3 个苎麻品种生长和光合特性的影响 [J]. 中国麻业科学，2017（3）：130－135.

[160] 李泽威，钟建彪，王明华，等. 恩施市龙凤镇土壤镉元素地球化学特征 及影响因素分析[J]. 资源环境与工程，2017（5）：563－567.

[161] 廖洁，王天顺，范业赓，等. 镉污染对甘蔗生长、土壤微生物及土壤酶 活性的影响[J]. 西南农业学报，2017（9）：2048－2052.

[162] 林海涛，史衍玺. 铅、镉胁迫对茶树根系分泌有机酸的影响[J]. 山东农 业科学，2005（2）：32－34.

[163] 林肖，任艳芳，张艳超，等. 镉污染对水稻分蘖期植株生长及镉积累的 影响[J]. 浙江农业科学，2017（5）：743－746.

[164] 刘东华，蒋悟生. 镉对洋葱根生长和细胞分裂的影响[J]. 环境科学学 报，1992，12（4）：439－446.

[165] 刘发新，高怀友，伍钧. 镉的食物链迁移及其污染防治对策研究[J]. 农 业环境科学学报，2006，25（1）：805－809.

[166] 刘利，郝小花，田连福，等. 植物吸收、转运和积累镉的机理研究进展 [J]. 生命科学研究，2015（2）：176－184.

[167] 刘文龙，王凯荣，王铭伦. 花生对镉胁迫的生理响应及品种间差异[J]. 应用生态学报，2009，20（2）：451－459.

[168] 刘宇，李春娟，张廷婷，等. 两花生品种对镉胁迫的生理响应及其差异 [J]. 土壤通报，2012，43（1）：206－211.

[169] 刘云惠，魏显有，王秀敏，等. 土壤中铅镉的作物效应研究[J]. 河北农 业大学学报，1999，22（1）：24－28.

[170] 刘志东，王婷，黄必为，等. 镉观察对象尿镉及肾功能损害指标 7 年跟 踪研究[J]. 职业与健康，2012，28（5）：537－538.

[171] 刘周莉，陈玮，何兴元，等. 低浓度镉对忍冬生长及光合生理的影响[J]. 环境化学，2018，37（2）：223－228.

[172] 鲁莉娟，崔守明，杨群勇. 职业性镉接触对工人血压和血液系统指标的 影响[J]. 职业与健康，2015，31（6）：732－734.

[173] 鲁如坤，熊礼明，时正元. 关于土壤－作物生态系统中镉的研究[J]. 土

壤，1992，24（3）：129－137.

[174] 陆文龙，卓孔友，贾丹. 镉胁迫对暗棕壤呼吸强度和土壤微生物群落的影响（英文）[J]. Agricultural Science & Technology，2014（12）：2135－2137.

[175] 路文静. 植物生理学实验教程[M]. 北京：中国林业出版社，2012.

[176] 吕颖坚. 长期环境镉暴露人群骨骼健康效应及骨代谢机制研究[D]. 南方医科大学，2017.

[177] 潘洪捷，刘俊廷，马少华，等. 包头市大气降尘中镉赋存形态特征[J]. 内蒙古农业大学学报，2010，31（4）：105－109.

[178] 潘秀，刘福春，柴民伟，等. 镉在互花米草中积累、转运及亚细胞的分布[J]. 生态学杂志，2012（3）：526－531.

[179] 彭舜磊，李鹏，郭惠彬，等. 煤矿型城市绿化树种叶片吸收大气重金属能力比较[J]. 江西农业学报，2017，29（3）：38－42.

[180] 戚红璐，胡恭任，李祯. 模拟酸雨对泉州市大气降尘重金属浸出特性的研究[J]. 工业安全与环保. 2010，36（5）：21－23.

[181] 乔冬梅，齐学斌，庞鸿宾，等. 不同 pH 对重金属 Pb^{2+} 形态的影响研究[J]. 水土保持学报，2010，6（24）：173－176.

[182] 秦丽，李元，祖艳群，等. Cd 在续断菊（Sonchus asper L. Hill）中的亚细胞分布和化学形态研究[J]. 云南农业科技，2012（S1）：197－200.

[183] 邱媛，管东生，陈华，等. 惠州市植物叶片和叶面降尘的重金属特征[J]. 中山大学学报（自然科学版），2007（6）：98－102.

[184] 任敏，李敏，刘德军，等. 川芎重金属镉吸收累积规律的初步研究[J]. 中国药学杂志，2016（20）：1735－1738.

[185] 芮海云，沈振国，张芬琴. 土壤镉污染对箭筈豌豆生长、镉积累和营养物质吸收的影响[J]. 作物杂志，2017（6）：104－108.

[186] 申屠佳丽，何振立，杨肖娥，等. 青菜－萝卜轮作条件下镉对土壤微生物活性和磷脂脂肪酸特性的影响[J]. 浙江大学学报（农业与生命科学版），2009（5）：569－577.

[187] 石新山，朱德香，高燕华，等. 镉观察对象尿镉及肾功能损害指标跟踪研究[J]. 中国职业医学，2010，37（1）：49－50.

［188］时丽冉，白丽荣，高汝勇，等．镉胁迫对小黑麦根尖细胞的遗传毒害效应[J]．麦类作物学报，2015，35（11）：1592－1596．

［189］宋阿琳，娄运生，梁永超．不同水稻品种对铜镉的吸收与耐性研究[J]．农业资源与环境科学，2006，22（9）：408－410．

［190］宋波，杨子杰，张云霞，等．广西西江流域土壤镉含量特征及风险评估[J]．环境科学，2018（4）：1－18．

［191］孙建云，王桂萍，沈振国．不同基因型甘蓝对镉胁迫的响应[J]．南京农业大学学报，2005，28（4）：40－44．

［192］孙秀山，郑亚萍，成波，等．鲁东出口花生田及其产品 Cd 污染调查研究Ⅰ．青岛产区花生田及其产品 Cd 污染调查研究[J]．中国农学通报，2006，22（11）：368－370．

［193］孙亚芳，王祖伟，孟伟庆，等．天津污灌区小麦和水稻重金属的含量及健康风险评价[J]．农业环境科学学报，2015，34（4）：679－685．

［194］孙亚莉，刘红梅，徐庆国．镉胁迫对不同水稻品种苗期光合特性与生理生化特性的影响[J]．华北农学报，2017（4）：176－181．

［195］覃志英，唐振柱，梁江明，等．2002—2004 年广西主要农产品铅镉砷汞污染调查分析[J]．微量元素与健康研究，2006，23（4）：29－32．

［196］汤松．我国花生发展概况、存在的问题及措施建议[J]．花生学报，2003，32（1）：16－23．

［197］唐洪．西昌市土壤重金属元素含量评价分析[J]．西昌农业科技，1995（4）：30－32．

［198］唐继志，付伟，潘慧娟，等．血铅和血镉等多因素与高血压的相关性研究[J]．中国全科医学，2011，14（11）：1197－1199．

［199］田丹，任艳芳，王艳玲，等．镉胁迫对生菜种子萌发及幼苗抗氧化酶系统的影响[J]．北方园艺，2018（2）：15－21．

［200］万敏，周卫，林葆．镉积累不同类型的小麦细胞镉的亚细胞和分子分布[J]．中国农业科学，2003，36（6）：671－675．

［201］万书波，单世华，李春娟，等．我国花生安全生产现状与策略[J]．花生学，2005，34（1）：1－4．

［202］王爱霞，方炎明．杭州市六种常见绿化树种叶片累积空气重金属特征及

与环境因子的相关性[J]. 广西植物, 2017, 37 (4): 470-477.

[203] 王宝君, 罗刚, 赵素影. 不同肥料对花生产量和镉含量影响的试验研究[J]. 现代农业科技, 2007 (19): 138-140.

[204] 王才斌, 成波, 郑亚萍, 等. 山东省花生田和花生籽仁镉含量及其与施肥关系研究[J]. 土壤通报, 2008, 39 (6): 1410-1413.

[205] 王彩, 栾文英. 锌、镉与青少年血压偏高相关性分析[J]. 吉林大学学报 (医学版), 2006 (5): 909.

[206] 王激情, 刘波, 苏德纯. 超积累镉油菜品种的筛选[J]. 河北农业大学学报, 2003, 26 (1): 13-16.

[207] 王京文, 谢国雄, 章明奎. 大气沉降对萝卜地上和地下部分铅镉汞砷积累的影响[J]. 土壤通报, 2018 (1): 184-190.

[208] 王凯荣, 龚惠群. 不同生育期镉胁迫对两种水稻的生长、镉吸收及糙米镉含量的影响[J]. 生态环境, 2006, 15 (6): 1197-1203.

[209] 王凯荣, 曲伟, 刘文龙, 等. 镉对花生苗期的毒害效应及其品种间差异[J]. 生态环境学报, 2010, 19 (7): 1653-1658.

[210] 王凯荣, 张磊. 花生镉污染研究进展[J]. 应用生态学报, 2008, 19 (12): 2757-2762.

[211] 王凯荣, 张玉烛. 25年引灌含 Cd 污水对酸性农田土壤的污染及其危害评价[J]. 农业环境科学学报, 2007, 26 (2): 658-661.

[212] 王凯荣, 周建林, 龚惠群. 土壤镉污染对苎麻的生长毒害效应[J]. 应用生态学报, 2000, 11 (5): 773-776.

[213] 王姗姗, 张红, 王颜红, 等. 土壤类型与作物基因型对花生籽实镉积累的影响[J]. 应用生态学报, 2012, 23 (8): 2199-2204.

[214] 王珊珊, 王颜红, 张红. 污染花生籽实中镉的分布特征及其对膳食健康的风险分析[J]. 农业环境科学学报, 2007, 26 (增刊): 12-16.

[215] 王松林, 黄冬芬, 郇恒福, 等. 铝和镉污染对砖红壤土壤微生物及土壤呼吸的影响[J]. 热带作物学报, 2015 (3): 597-602.

[216] 王学东, 马义兵, 华珞. 铜对大麦 (Hordeum vulgare) 的急性毒性预测模型-生物配体模型[J]. 环境科学学报, 2008, 28 (8): 1704-1712.

[217] 王艳红, 龙新宪, 吴启堂. 两种生态型东南景天根系分泌物的差异性[J].

生态环境，2008，17（2）：751-757.

[218] 王志坤，廖柏寒，黄运湘，等. 镉胁迫对大豆幼苗生长影响及不同品种耐镉差异性研究[J]. 农业环境科学学报，2006，25（5）：1143-1147.

[219] 王祖伟，张辉. 天津污灌区土壤重金属污染环境质量与环境效应[J]. 生态环境，2005，14（2）：211-213.

[220] 韦朝阳，陈同斌. 重金属超富积植物及植物修复技术研究进展[J]. 生态学报，2001（7）：1196-1203.

[221] 魏复盛，陈静生，吴燕玉，等. 中国土壤背景值研究[J]. 环境科学，1991，12（4）：12-19.

[222] 魏童，胡希智，王盈，等. 镉处理下不同青杨种群的生长、光合生理和镉吸收差异[J]. 四川农业大学学报，2018（1）：52-59.

[223] 魏益华，何俊海，冯小虎，等. 土壤重金属处理对烟草中 Cd 的累积与分布的影响[J]. 中国烟草学报，2016（1）：47-54.

[224] 文晓林，龚琳琳，徐伟红，等. 镉暴露对女性骨密度的远期影响[J]. 浙江预防医学，2016，28（3）：307-309.

[225] 吴朝波，王蕾，郭建春，等. 镉在海雀稗体内的分布及化学形态特征[J]. 环境化学，2016（2）：330-336.

[226] 夏芳，康海岐，侯勇，等. 重金属镉对 8 个水稻（Oryza sativa L.）品种（系）萌发和出芽生长的影响[J]. 四川大学学报（自然科学版），2018（2）：407-413.

[227] 夏合中. 血液镉铝锌变化及对高血压的影响[J]. 中国卫生检验杂志，2001（5）：623.

[228] 夏家淇. 土壤环境质量标准详解[M]. 北京：中国环境科学出版社，1996.

[229] 肖厚军，芶久兰，何佳芳，等. 镉胁迫下芹菜产量和氮、磷、钾吸收及镉积累量的变化[J]. 环境科技，2014（4）：10-13.

[230] 肖美秀，林文雄，陈冬梅，等. 耐 Cd 水稻种质资源的筛选[J]. 福建农林大学学报，2006，35（2）：117-121.

[231] 熊春晖，卢永恩，欧阳波，等. 重金属铅镉胁迫对芋生长发育和产量的影响[J]. 农业资源与环境学报，2016（6）：560-567.

[232] 徐震，田丽梅. 津市污灌区农田环境质量现状分析[J]. 1999（6）：26-28.

[233] 许嘉林，鲍子平，杨居荣，等. 农作物体内铅、镉、铜的化学形态研究[J]. 应用生态学报，1991，2（3）：244-248.

[234] 许嘉琳，杨居荣. 陆地生态系统中的重金属[M]. 北京：中国环境科学出版社，1995.

[235] 阎雨平，蔡士悦，史艇. 广州赤红壤、红壤含镉的农作物污染效应及其临界含量研究[J]. 环境科学研究，1992，5（2）：49-52.

[236] 杨光冠，张磊，张占恩. 焦化厂附近大气降尘量及降尘中金属元素的分析[J]. 苏州科技学院学报（工程技术版），2006，19（4）：49-53.

[237] 杨辉. 电子垃圾拆解区铅镉暴露对儿童骨骼生长和骨、钙代谢的影响[D]. 汕头大学，2011.

[238] 杨居荣，查燕，刘虹. 污染稻、麦籽实中 Cd、Cu、Pb 的分布及其存在形态初探[J]. 中国环境科学，1999，19（6）：500-504.

[239] 杨居荣，贺建群，黄翌，等. 农作物 Cd 耐性的种内和种间差异 I. 种间差[J]. 应用生态学报，1994，5（2）：192-196.

[240] 杨微，王红艳，于开源，等. 高浓度镉、锌及其复合作用对烟草抗氧化系统的影响[J]. 应用生态学报，2017（6）：1948-1954.

[241] 杨伟强，王秀贞，张建成，等. 我国花生加工产业的现状、问题禹对策[J]. 山东农业科学，2006（3）：105-107.

[242] 于成广，李博，杨晓波，等. 不同花生品种间重金属元素分布特征[J]. 安徽农业科学，2007，35（12）：3505，3511.

[243] 于燕，张振军，李义平，等. 西安市大气悬浮颗粒提取物致突变性及其金属元素含量的研究[J]. 中国临床康复，2004，8（15）：2970-2972.

[244] 喻保能，丁中元，陈厚民. 用土砖研究土壤重金属背景值及其污染历史[J]. 环境科学，1983，4（1）：46-49.

[245] 张国平，深见元弘，关本根. 不同镉水平下小麦对镉及矿物养分吸收和积累的品种间差异[J]. 应用生态学报，2002，13（14）：454-458.

[246] 张吉民. 花生加工利用、贸易现状与展望[J]. 武汉工业学院学报，2002（2）：13-15.

[247] 张加强，史小华. 黄麻、亚麻和芥菜种子萌发期的耐镉性比较[J]. 浙江农业科学，2017（11）：2019-2021.

［248］张建新，郦枫，马丽，等. 镉胁迫下朱砂根和虎舌红生理响应及其镉抗性[J]. 水土保持学报，2017（5）：321-327.

［249］张琪. pH 和 DOM 影响下的几种重金属对大型蚤的急性毒性影响研究[D]. 南京大学，2012.

［250］张亚利，王继先. 镉对钙代谢的影响及相关机制研究进展[J]. 环境与健康杂志，2004（4）：269-271.

［251］张运兴. 馒头柳镉吸收转运的分子生理学基础研究[D]. 中国林业科学研究院，2017.

［252］章秀福，王丹英，储开富，等. 镉胁迫下水稻 SOD 活性和 MDA 含量的变化及基因型差异[J]. 中国水稻科学，2006，20（2）：194-198.

［253］赵步洪，张洪熙，奚岭林，等. 杂交水稻不同器官镉浓度与累积量[J]. 中国水稻科学，2006，20（3）：306-312.

［254］郑爱珍，刘传平，沈振国. 镉处理下青菜和白菜 MDA 含量、POD 和 SOD 活性的变化[J]. 湖北农业科学，2005（1）：67-69.

［255］郑海，潘冬丽，黎华寿，等. 不同浓度镉污染土壤对 22 个花生品种籽粒镉含量的影响[J]. 农业环境科学学报，2011，30（6）：1255-1256.

［256］钟格梅，唐振柱. 环境镉污染及其对人群健康影响研究进展[J]. 应用预防医学，2012，18（5）：317-320.

［257］钟海涛，潘伟斌，张太平，等. 小飞扬草（Euphorbia thymifolia L.）中镉的亚细胞分布及化学形态[J]. 环境保护科学，2013，39（3）：50-54.

［258］周锦文，韩善华，冯珊，等. 镉对蚕豆根尖细胞染色体畸变的影响[J]. 四川大学学报（自然科学版），2009（3）：799-802.

［259］周静，杨洋，孟桂元，等. 不同镉污染土壤下水稻镉富集与转运效率[J]. 生态学杂志，2018（1）：89-94.

［260］周静，郑全庆. 微量元素与癌症风险[J]. 国外医学（医学地理分册），2008（1）：22-25+47.

［261］周丽珍，罗璇，何宝燕，等. NaCl 胁迫下苋菜中镉的亚细胞分布及转运研究[J]. 生态环境学报，2015，24（1）：139-145.

［262］周琳，曾英，倪师军，等. 成都经济生态区大气降尘中镉赋存形态的研究[J]. 广东微量元素科学，2006（2）：44-47.

［263］周小梅，赵运林，董萌，等. 镉胁迫对洞庭湖湿地土壤微生物数量与活性的影响[J]. 土壤通报，2016（5）：1148-1153.

［264］周雪松，赵谋明. 我国花生食品产业现状与发展趋势[J]. 食品与发酵工业，2004，30（6）：84-89.

［265］朱志勇，郝玉芬，李友军，等. 镉对小麦旗叶叶绿素含量及籽粒产量的影响[J]. 核农学报，2011（5）：1010-1016.